Giuseppe Gradenigo

Über die Manifestationen der Hysterie am Gehörorgan

Giuseppe Gradenigo

Über die Manifestationen der Hysterie am Gehörorgan

ISBN/EAN: 9783743361416

Hergestellt in Europa, USA, Kanada, Australien, Japan

Cover: Foto ©berggeist007 / pixelio.de

Manufactured and distributed by brebook publishing software
(www.brebook.com)

Giuseppe Gradenigo

Über die Manifestationen der Hysterie am Gehörorgan

Ueber
die Manifestationen der Hysterie am Gehörorgan.

Von

Prof. G. Gradenigo

in Turin.

Jena,

Verlag von Gustav Fischer.

1896.

Preis für den Einzelverkauf: 2 Mark 40 Pfennige.
Preis für den vollständigen Band von 12 Heften im Umfange von etwa 30 Bogen 10 Mark.

Ueber die Manifestationen der Hysterie am Gehörorgan.

Einleitung.

Das Gehörorgan ist häufiger der Sitz von Erscheinungen, die auf die hysterische Neurose zu beziehen sind, als man nach Durchsicht der hierüber vorhandenen Litteratur vermuten sollte; diese Erscheinungen, obgleich sie in den Rahmen zweier verschiedenen Specialitäten, der Otologie und der Neuropathologie, gehören, sind bis jetzt nicht zum Gegenstand einer so ausführlichen und genauen Untersuchung gemacht worden, wie die allgemeinen und die Gesichtssymptome der Hysterie. Und doch wurde die Entdeckung einer der interessantesten klinischen Eigentümlichkeiten dieser Neurose, die des Transfert, bekanntlich von GELLÉ, einem Otiater, bei Prüfung der Gehörfunktion gemacht!

Die Erklärung der Spärlichkeit genauer Kenntnisse über diesen Gegenstand muß man in der Schwierigkeit suchen, welche bis vor wenigen Jahren nicht nur dem Neuropathologen, sondern auch dem erfahrenen Ohrenarzte eine genaue Unterscheidung zwischen den organischen Läsionen des Ohrs und den von gleichzeitigem Vorhandensein des neurotischen Elements herrührenden Störungen erschwerten. Die Idee der häufigen Verbindung des sogenannten peripheren Hysterismus mit den verschiedenartigsten organischen Läsionen, die heute durch eine lange Reihe klinischer Thatsachen dargethan ist, war noch so wenig verbreitet, daß man, so oft man Symptome einer peripheren Krankheit des Mittelohrs vor sich hatte, versucht gewesen war, dieser auch die vorhandenen funktionellen Störungen zuzuschreiben. Auch in den neuesten Werken über

Bemerkung. Die gegenwärtige Arbeit ist einer ausführlicheren Monographie über diesen Gegenstand entnommen, die ich vor einigen Monaten in italienischer Sprache veröffentlicht habe. (Sulle manifestazioni auricolari dell' isterismo. Torino, Unione tipografico-editrice.) Der Kürze wegen habe ich hier alle persönlichen Beobachtungen ausgeschieden, an denen ich die klinischen Untersuchungen und Experimente ausgeführt habe; auch glaubte ich, die in der Litteratur zerstreute Kasuistik nur erwähnen zu sollen. Der sich für den Gegenstand interessierende Leser kann die ausführliche Darstellung der Fälle in der genannten Arbeit finden.

Hysterie sind die das Gehörorgan betreffenden Symptome kaum angedeutet, und die Mehrzahl der Autoren spricht bloß von der funktionellen Prüfung mittelst der Uhr; andererseits findet sich nur in einigen Lehrbüchern über Otologie ein kurzes Kapitel über hysterische Taubheit, welche POLITZER für „außerordentlich selten" erklärt. In den von Ohrenärzten redigierten klinischen Berichten ist es noch nicht gebräuchlich geworden, eine die akustische Anästhesie infolge von Hysterie betreffende Abteilung einzuführen.

In gegenwärtiger Arbeit werde ich, besonders auf persönliche Beobachtungen gestützt, nachzuweisen suchen, daß die hysterischen Erscheinungen am Gehörorgan im Gegenteil verhältnismäßig häufig sind; daß wir sie dank der Vervollkommnung der Untersuchungsmethoden des Ohres in der Mehrzahl der Fälle entdecken können, auch wenn sie, wie es oft der Fall ist, mit peripheren Läsionen des Gehörorgans zugleich vorkommen; und endlich, daß ihre genaue Kenntnis den Ohrenarzt in den Stand setzt, nicht nur die Prognose und die Therapie einer großen Zahl von Taubheiten genau zu bestimmen, sondern auch durch die Resultate der Untersuchung des Gehörs dem Neuropathologen ein neues diagnostisches Element zu liefern, welches in manchen Fällen gewiß nicht weniger wertvoll ist, als das der Untersuchung des Auges zu entnehmende.

Anordnung der vorliegenden Arbeit.

Es wird zweckmäßig sein, zuerst kurz anzugeben, was in der medizinischen Litteratur über Gehörstörungen bei Hysterie im allgemeinen enthalten ist; darauf werden die hauptsächlichen Gehörserscheinungen bei Neurosen betrachtet und in dieser Reihenfolge angeordnet werden:

1) Modifikationen der specifischen, akustischen Sensibilität. (Akustische Anästhesie, Hypästhesie, Hyperästhesie.)
2) Modifikationen der Hautsensibilität an der Ohrmuschel, am äußeren Gehörgang, am Trommelfell. (Anästhesie, Hypästhesie, Hyperästhesie gegen Berührung, Schmerz, Wärme etc.)
3) Otalgien von hysterischem Charakter.
4) Hysterogene Zonen des Gehörorgans.
5) Vasomotorische Störungen und Hämorrhagien des Ohres.

Jeder dieser Komplexe von Erscheinungen, die sich auf Neurosen beziehen, kann für sich allein auftreten, oft aber findet man bei demselben Kranken oder an demselben Ohr Symptome, welche zweien oder mehreren Kategorien angehören, ohne daß sie jedoch in konstanten Beziehungen zu einander stehen. In den meisten Fällen zeigt der Kranke noch andere hysterische Charaktere, ist mehr oder weniger typischen Anfällen unterworfen oder zeigt die somatischen Kennzeichen, die als Stigmata der Hysterie bekannt sind; es giebt aber auch Fälle, wo neben den Gehörstörungen die Stigmata fehlen oder kaum angedeutet sein können, und in einigen davon kann daher die Diagnose zweifelhaft bleiben.

Geschichte.

A. Werke aus der allgemeinen medizinischen Litteratur.

B. Otologische Abhandlungen.

A. Unvollständig und spärlich sind die in medizinischen und neuropathologischen Werken enthaltenen Angaben über Gehörstörungen bei Hysterie. Die alten Autoren sprechen überhaupt nicht davon, und auch einige der berühmtesten medizinischen Schriftsteller des verflossenen Jahrhunderts (STAHL [2], WILLIS [3], HOFFMANN [4]) beachten nicht das Symptom „Anästhesie". Eine Beobachtung von FABRICIUS HILDANUS [1] erwähnt einer Taubheit, welche bei einer jungen Dame auf die Darreichung eines starken Brechmittels folgte. Wahrscheinlich handelte es sich in diesem Falle, wie wir später sehen werden, um Taubheit von hysterischem Charakter durch Intoxikation. BOERHAVE [5] deutet in seinen Aphorismen auf die Möglichkeit für die Menstruation bei Hysterischen vikariierender Hämorrhagien aus den Ohren hin; in der Monographie De morbis nervorum spricht er nur von den Konvulsionen. Die Hautanästhesie, welche, wie wir sehen werden, oft die akustische Anästhesie begleitet, war zwar schon lange als eines der wichtigsten Zeichen der „Besessenheit" bekannt, wurde aber erst in verhältnismäßig neuer Zeit zum Gegenstand genauerer medizinischer Beobachtung gemacht. Erst am Ende der ersten Hälfte unseres Jahrhunderts findet man in der Litteratur einen deutlichen Begriff über die Veränderungen der Sensibilität, die man bei Hysterischen anzutreffen pflegt. Im Jahre 1843 zeigte PIORRY seinen Zuhörern an den in seine Säle des Hospitals de la Piété zu Paris aufgenommenen Kranken die Anästhesie der Haut, der Sinnesorgane und der Muskeln.

Aber GENDRIN [6] kommt das Hauptverdienst zu, in einer der Académie de médecine mitgeteilten Note eine Reihe von Schlüssen aufgestellt zu haben, welche den Keim der modernen Erfolge der Schule der Salpêtrière in dieser Hinsicht enthalten. Wir wollen ihre Hauptzüge angeben:

I. Die Hysterie wird nicht nur durch Krampfanfälle charakterisiert, die sich nach Zwischenräumen wiederholen; sie ist eine kontinuierliche Krankheit, die in den Zwischenräumen zwischen den Anfällen Symptome darbietet, an denen man sie genügend erkennen kann.

II. In allen Fällen ohne Ausnahme besteht ein Zustand von allgemeiner oder teilweiser Gefühllosigkeit: diese betrifft in schwächerem oder stärkerem Grade die Haut, die zugänglichen Schleimhäute, die Sinnesorgane und die Muskeln.

III. Es besteht kein konstantes Verhältnis zwischen dem Grade der Anästhesie und der Stärke, der Häufigkeit, der Form der Anfälle.

IV. Es giebt eine auf die hyperästhetischen Teile beschränkte Hyperästhesie, welche Ursache der Anfälle ist und das Mittel darbietet, ihr Aufhören zu bewirken.

V. Paralyse der Glieder mit Schlaffheit oder Kontraktur ist ein häufiges Symptom.

VI. Bisweilen ist Manie, Ekstase, Analgesie vorhanden.

In diesen Folgerungen sind, abgesehen von allzu absoluten Behauptungen, die vorzüglichsten Stigmata der Neurose angegeben.

In Bezug auf die Anästhesie der Sinnesorgane darf man jedoch nicht vergessen, daß schon im Jahre 1821 ITARD, ein Ohrenarzt, in seinem Handbuch berichtete, er habe einen Knaben mit rechtsseitiger Anosmie beobachtet, welcher 8 Tage nach einer leichten Verwundung an der linken Schläfe auf dem rechten Ohr vollständig taub geworden sei; es handelte sich offenbar um hysterische Hemianästhesie.

BEAU [7] in seiner Abhandlung über Auskultation, LANDOUZY (von BRIQUET citiert) in seiner Arbeit über die Hysterie sprechen von den Anästhesien und den Algien der Hysterischen; aber es war BRIQUET [8], der alle Kranken, die er in seiner Eigenschaft als Arzt am Hospitale de la Charité zu sehen Gelegenheit hatte, gewissenhaft untersuchte, gegen 430 Beobachtungen über Hysterie sammelte und die dieser Krankheit eigenen Erscheinungen in das gehörige Licht setzte; er suchte ihre Gesetze zu bestimmen und ihre Diagnose genau festzustellen.

Wie er selbst sagt, fand er die von ihm beobachteten Thatsachen ziemlich verschieden von den von am meisten klassischen Autoren beschriebenen; er überzeugte sich, daß man vor ihm niemals die Hysterie studiert habe, wie man die anderen Krankheiten studiert, indem man zuerst beobachtet und dann Folgerungen zieht. In Bezug auf das Gehörorgan erwähnt er die Otalgie [9], die echte Hyperästhesie [10], die schmerzhafte Hyperakusie, die akustische Anästhesie und die Unempfindlichkeit der Haut der Ohrmuschel und des Gehörgangs [9]. Er bemerkt die Häufigkeit der sensitiv-sensorialen Hemianästhesie [11] und erkennt auch, daß die Taubheit die Charaktere derjenigen zeigt, welche man bei Affektionen des Apparates der Tonwahrnehmungen antrifft.

Von BRIQUET scheint der größte Teil der Autoren, welche sich später mit den Krankheiten des Nervensystems beschäftigt haben (ROSENTHAL [12], HASSE [14], JACCOUD [16], HAMMOND [17] u. s. w.), ihre Angaben über die Aeußerungen der Hysterie am Gehörorgan entlehnt zu haben; auch CHARCOT [15] erwähnt kaum die Taubheit, wo er von der Hemianästhesie spricht. MÖBIUS [23] bemerkt, die Gehörstörungen könnten einseitig oder bei traumatischen beiderseitig sein, am häufigsten fänden sich Neurosen an der verletzten Seite.

JOLLY erwähnt die hysterische Taubheit nur flüchtig; er deutet die echte Hyperästhesie an und nimmt bei einigen von diesen Kranken größere, von ihnen durch Uebung erworbene Feinheit des Gehörs an, indem sie sich von Geräuschen entfernt halten, die ihnen beschwerlich sind.

Die neueren Lehrbücher über Hysterie von Gilles de la Tourette[21] und von Pitres[22] stützen sich in Bezug auf das Gehörorgan auf die später zu nennende Monographie von Lichtwitz. Pitres giebt an, es könne eine Form von absoluter Taubheit geben, welche plötzlich auftritt, einige Tage oder Wochen ohne merkliche Veränderung fortbesteht und plötzlich wieder verschwindet, wobei die gewöhnlichen subjektiven Geräusche fehlten. Er betont die Behauptung, die hysterische Anästhesie sei nicht immer mit Anästhesie der Haut, der Ohrmuschel und des Gehörgangs verbunden, wie Briquet annimmt.

B. Eine reichlichere Ernte von Beobachtungen finden wir, wenn wir die Abhandlungen aus dem Gebiete der Otologie zu Rate ziehen; die hysterischen Erscheinungen am Gehörorgan sind der aufmerksamen Beobachtung der Ohrenärzte, auch denen aus der ersten Hälfte dieses Jahrhunderts, nicht ganz entgangen. Da jedoch die klinischen Symptome dieser Neurose erst in einer uns ziemlich nahe liegenden Zeit erkannt wurden, so wurden die sich darauf beziehenden Fälle nur ausnahmsweise unter dem Titel Hysterie beschrieben. Meistens wurden sie unter die verschiedensten Rubriken gebracht, die oft der Aetiologie anscheinend entnommen waren, oder mit anderen Formen von sogen. nervöser Taubheit verwechselt wurden. Das Handbuch von Itard[23–26] vom J. 1821 enthält unter dem Titel „nervöse Taubheit" eine wertvolle Sammlung interessanter klinischer Beobachtungen, von denen man einen großen Teil heutigen Tags leicht auf Hysterie beziehen kann. Die Taubheit war in diesen Fällen einseitig oder beiderseitig, vollständig oder unvollständig. Sie entwickelte sich bei jungen Personen oder bei Frauen zur Zeit der Menopause und heilte meistens plötzlich, bisweilen von selbst, wie sie auch plötzlich erschienen war. Sie war oft von einer großen Schar nervöser Symptome begleitet, unter denen man jetzt wenig Mühe haben würde, die Stigmata der Hysterie zu erkennen.

(Die Beobachtungen 140 und 141[24,25] beziehen sich auf Hysterische mit besonders gastro-intestinalen Symptomen; die Beobachtungen 143 und 144[26] betreffen sogen. reflektierte Taubheiten infolge von Wurmkrankheit). Andere klinische Schilderungen bieten Beispiele von hysterisch-traumatischer Taubheit dar, u. s. w. Auf einige dieser klinischen Beobachtungen, welche bedeutendes wissenschaftliches Interesse darbieten, werden wir später zurückkommen. Itard erwähnt das Vorkommen von Taubheiten, welche bei infektiösen Fiebern auftreten und während der Genesung von selbst verschwinden.

Wo dieser Autor von Kophose, begleitet von Anästhesie der Haut der Ohrmuschel und des äußeren Gehörgangs, spricht, wirft er wahrscheinlich die hysterische Taubheit mit der von einer chronischen, katarrhalischen Otitis media in vorgeschrittenem Zustande bedingten zusammen.

Itard kennt übrigens den Einfluß, welchen Anstrengungen, seelische Leiden und die Menstrualperiode bei Frauen auf die organischen Krankheiten des Gehörs ausüben können.

Wenn man das klassische Werk von Brenner[27] über Elektro-Otiatrie genau betrachtet, ist man versucht, die bisweilen wunderbaren Resultate, welche nach diesem Autor die galvanische Behandlung bei einigen Formen von Taubheit hervorgebracht haben soll, dem neurotischen Charakter derselben zuzuschreiben.

Ein Beispiel davon liefert uns die Beobachtung III auf S. 240, eine Nonne von 33 Jahren betreffend, welche infolge von Malariafieber und Chiningebrauch an subjektiven Geräuschen und Abnahme des Gehörs litt; eine nur 15 Tage dauernde galvanische Behandlung brachte diese Störungen plötzlich zum Verschwinden. Wenn man weiß, daß die Anwendung des galvanischen Stroms die von einer Läsion des Gehörorgans abhängenden Symptome nicht merklich zu beeinflussen vermag, wird man es mit uns für wahrscheinlich halten, daß es sich in diesem Falle um neurotische Taubheit handelte.

Miot spricht im Vorbeigehen über den Einfluß der Hysterie auf das Gehörorgan und bemerkt, daß Einblasungen von Luft in die Trommelhöhle in einigen Fällen einen esthesiogenen Einfluß ausüben.

Bonnafont[29] spricht in seinem Handbuch nicht eingehend über die akustische Anästhesie, beschreibt aber einen typischen Fall, betreffend einen Unteroffizier, der infolge des Platzens einer Bombe taub geworden war. Dieser Fall gehört vielleicht wegen der besonderen, ihn begleitenden nervösen Störungen zur Kategorie des Hystero-Traumatismus.

Toynbee[30,31] beschreibt unter der Benennung „Schwäche des nervösen Apparates des Ohrs, verursacht durch geistige Erregung oder physische Schwäche“, einige Fälle bei jungen Leuten beiderlei Geschlechts zwischen 12 und 27 Jahren, wo die Taubheit von sehr wechselndem Charakter war. Sie war ohne wahrnehmbare Ursache entstanden, bisweilen von Geräuschen, aber nicht von Schwindel begleitet, und nicht von Alterationen des äußeren und mittleren Ohres abhängig. In allen diesen Fällen bemerkt der Autor auffallende Reizbarkeit des Nervensystems, giebt aber keine Andeutung über das Vorhandensein hysterischer Stigmata. Andere Fälle betreffen anatomische Läsionen des Mittelohrs mit teilweiser hysterischer, akustischer Anästhesie. Sehr wahrscheinlich sehen wir ein Beispiel von hysterischer, akustischer Anästhesie in dem Fall eines bleichen, zwölfjährigen Mädchens, welches 8—12 Stunden täglich auf ihre Studien verwendete, und bisweilen an so auffallender Verstärkung ihrer Taubheit litt, daß es sehr schwer war, sich ihr verständlich zu machen.

Die Taubheit verschwand vollständig im Lauf von 6 Monaten nach tonisierender Behandlung und vollständiger Unterbrechung ihrer Studien.

Ein anderer, ganz ähnlicher Fall bezieht sich auf einen 14-jährigen Knaben, welcher ohne wahrnehmbare äußere Ursache taub geworden war. Von Zeit zu Zeit traten unter dem Einfluß von Ermüdung subjektive Geräusche und Verschlimmerung der Taubheit ein. Als TOYNBEE hörte, daß er spät aufblieb, um zu studieren, verordnete er, ihn nach Belieben schlafen zu lassen.

Die Folge war, daß er viele Nächte nacheinander 14 Stunden schliefe, dann wurden es nach und nach 10 Stunden, und dann trat die gewöhnliche Schlafzeit ein. Nach 3 Wochen war das Gehör fast normal geworden.

TRÖLTSCH[32] macht auf die Schwankungen im Gehörsvermögen bei Hysterischen und Chlorotischen aufmerksam, er bringt den wohlbekannten, von SCANZONI berichteten Fall, wo nach Anlegung von Blutegeln an das Collum uteri vollständige Taubheit eintrat, mit Hysterie in Verbindung.

TRÖLTSCH erinnert ferner an die vorübergehende Taubheit, welche man bisweilen in der Genesung von Typhus mit negativem Befund beobachtet. Auf S. 532 berichtet er über den Fall eines Kanoniers, der als Kind 8 Tage lang vollkommen taub geworden war auf einer Seite, auf welche er eine Ohrfeige erhalten hatte. Später wurde der Kranke, bei fast negativem Befund am Trommelfell, dauernd taub infolge von in seiner Nähe abgefeuerten Kanonenschüssen. Man bemerke, daß in diesem Falle das Eintreten der Taubheit von sehr starken, 2 Stunden lang dauernden Schmerzen im Ohr begleitet war, und daß niemals Schwindel vorhanden war.

Die Taubheit, welche bei diesem Kranken zweimal infolge von Traumen (Ohrfeige, Kanonenschuß) aufgetreten war, das Fehlen von Schwindel macht es wahrscheinlich, daß es sich um Hystero-Traumatismus handelte; es läßt sich jedoch nicht ausschließen, daß eine Läsion des Labyrinthes vorgelegen habe, was oft in solchen Fällen vorkommt.

POLITZER[33, 34, 38] erwähnt die Hysterie unter den Ursachen der Otalgie und giebt an, daß während des Anfalls bisweilen Geräusche im Ohr, Taubheit, Hyperästhesie der Haut der Ohrmuschel auftreten. Unter dem Titel „traumatische Taubheit“[34] berichtet er über einen Fall von hysterischer Anästhesie bei einem Knaben infolge eines Traumas. Ferner erzählt er Fälle von sogen. rheumatischer Paralyse des Acusticus, Formen, die bisweilen, wie wir sehen werden, in den Rahmen der Neurosen gehören können, mit denen wir uns beschäftigen. Ferner berichtet er über einen typischen Fall von sensitiv-sensorieller Hemianästhesie. LADREIT DE LA CHARRIÈRE[35] spricht von der Taubheit bei Hysterie und giebt als deren Charakter an, sie sei immer vollständig. Wir werden dagegen sehen, daß sie in der Regel unvollständig und nur ausnahmsweise vollständig ist.

GELLÉ[36] behandelt in seinem Werke die hysterische Anästhesie in einem kurzen Kapitel, um an die Transfert-Erscheinungen zu erinnern, die er entdeckt hat. In einer anderen Arbeit[37] glaubt er aus einer sich hierauf beziehenden. klinischen Beobachtung den Schluß ziehen zu können (mit dem wir uns seiner Zeit beschäftigen werden), daß es auch Aufgabe des Trommelfells sei, zur Ortsbestimmung der Geräusche zu dienen. Bei einem Kranken mit vollständiger Anästhesie der beiden Membranen will der Verfasser die Unmöglichkeit erkannt haben, die Richtung anzugeben, aus welcher der Ton kam. BONNIER[43] scheint, besonders aus theoretischen Gründen, diese Meinung zu teilen.

ROOSA[39] erwähnt in seiner Abhandlung, gleich anderen Autoren, die hysterischen Störungen des Gehörorgans nicht; HARTMANN[52] beschränkt sich darauf, sie sehr selten zu nennen.

URBANTSCHITSCH[40] berichtet eingehend über den Fall von Transfert, den er Gelegenheit hatte, zusammen mit ROSENTHAL, genau zu beobachten.

GELLÉ[41] bemerkt, daß die akustische Anästhesie eine vereinzelte Erscheinung der Hysterie sein kann; die sogen. binauriculären Reflexe sind in den Fällen von einseitiger Taubheit erhalten, das heißt, wenn man auf das taube Ohr durch Kompression der Luft im Gehörgange wirkt, kann man die Wahrnehmung der Stimmgabel durch die Luft im gesunden Ohr modifizieren. GELLÉ bemerkt richtig, daß bei hysterischen Personen die Taubheit abhängen kann nicht von akustischer Anästhesie, sondern von gewöhnlichen, groben Läsionen des Mittelohrs.

BING[42] erwähnt in seinen Vorlesungen einige Fälle von Taubheit hysterischen Charakters, welche in der Litteratur vorkommen. HERMET[44] berichtet über einen Fall von vollständiger, dauernder Taubheit, welcher vielleicht in den Rahmen der Hysterie gehört. Es handelt sich um eine Frau von 42 Jahren, welche mit ihrem Gemahl von Vincennes nach Paris zurückkehrte und plötzlich von Schwindel und Ohnmacht befallen wurde. Nach Wiederherstellung des Bewußtseins bemerkte sie, daß sie vollkommen taub geworden war, und klagte über starke Geräusche in den Ohren. Die objektive Untersuchung des Ohrs fiel negativ aus; aber in der klinischen Beschreibung fehlt es an anderen Anzeichen, welche den hysterischen Charakter der Taubheit festzustellen erlauben.

MOOS[45] erwähnt im I. Bande des kürzlich erschienenen Handbuchs der Ohrenheilkunde von SCHWARTZE unter der Rubrik „Traumen" einige Fälle von einseitiger oder doppelseitiger Taubheit, welche infolge von sehr leichten Kopfverletzungen mit subjektiven Geräuschen, aber ohne Störung des Gleichgewichts erschienen waren. Er sucht die Erklärung dieser Erscheinungen in Hämorrhagien, welche entweder in den akustischen Centren oder in Nerven oder in der Schnecke aufgetreten seien (!).

Aus dieser flüchtigen Uebersicht können wir schließen, daß die hysterischen Manifestationen am Gehörorgan noch bei weitem nicht hinreichend bekannt sind, und daß sie noch nicht mit jenen Unterscheidungsmitteln untersucht worden sind, welche unsere jetzigen Kenntnisse über die allgemeinen Charaktere der Neurosen als wichtige Elemente der Diagnose zu unserer Verfügung gestellt haben.

I.
Specifische akustische Sensibilität im Allgemeinen.

Die akustische Anästhesie bei Hysterie ist entweder an allgemeine Hemianästhesie gebunden, oder sie steht in Beziehung zu organischen Alterationen des Gehörorgans. In der Praxis finden sich diese beiden Zustände ziemlich oft miteinander verbunden, und dies soll berücksichtigt werden bei der Erklärung des komplizierten Symptomenbildes. Wenn man bedenkt, daß gerade jugendliche Individuen einerseits für Neurosen empfänglich sind, anderseits leicht von katarrhalischen Alterationen der oberen Luftwege und des Mittelohrs in Folge der Entwickelung und der in diesem Alter besonders häufigen Erkrankung des Drüsengewebes in Nase und Pharynx befallen werden, so erklärt sich die häufige Verbindung der beiden Reihen von Krankheitserscheinungen bei demselben Individuum. Anderseits haben organische Läsionen eines Ohrs bei einem hysterischen Individuum bisweilen nicht nur zur Folge, daß sie im Ohre selbst die verschiedenen Erscheinungen der Neurose hervorbringen, sondern sie können auch Alterationen der Sensibilität in der ganzen entsprechenden Körperhälfte (Hemianästhesie) und andere allgemeine Erscheinungen von hysterischem Charakter erzeugen.

Die Beziehungen, welche in Fällen von Hemianästhesie zwischen den Veränderungen der akustischen Sensibilität und denen anderer Sensibilitäten vorkommen, sind nicht konstant. Diese anscheinende Unregelmäßigkeit muß durch besondere organische Eigentümlichkeiten erklärt werden, welche die Ohren selbst in bestimmten Fällen darbieten (vorhergegangene Entzündungen, verschiedene Affektionen des Mittelohrs, u. s. w.). Die örtlichen Läsionen beeinflussen die Erscheinungen der Neurosen sehr bedeutend.

Schmerzhafte Hyperakusie ist bei allgemeiner Hemianästhesie ein nicht seltenes Symptom; auch sie verbindet sich oft, aber nicht immer, mit Hyperästhesie des äußeren Gehörgangs. Gewöhnlich findet sich die Hyperakusie auf der der anästhetischen entgegengesetzten Seite, bisweilen aber auf der anästhetischen Seite. Auch im ersteren Falle verbindet sie sich jedoch eher mit einer Verminderung der Hörschärfe, als mit einer Erhöhung derselben. Die Empfindung von Beschwerde, Widerwillen, Schmerz, den in solchen Fällen ein selbst schwacher, in der Nähe des kranken Ohres erzeugter Ton hervorbringt, kann so stark sein, daß sie impulsive Reflexbewegungen des Kranken hervorruft, um der Wirkung des Tones zu entgehen. Die Hyperakusie stellt eine Abänderung der akustischen Sensibilität dar, welche im Transfert bisweilen dem Erscheinen der Hypästhesie vorhergeht; in solchen Fällen ist sie ein vorübergehendes Phänomen. Andere Male ist sie dauernd und dann gewöhnlich von chronischen, entzündlichen, wenn auch leichten Affektionen des Ohres abhängig.

A. Akustische Anästhesie als Teilerscheinung der sensitiv-sensoriellen Hemianästhesie.

Die akustische Anästhesie, als Teilerscheinung der allgemeinen Hemianästhesie, ist die am besten studierte von den hysterischen Erscheinungen am Gehörorgan. Schon seit der Zeit, wo die vielen charakteristischen Sensibilitätsstörungen dieser Neurose die Aufmerksamkeit der Aerzte auf sich zu lenken begannen, bemerkte man, daß sie sich nicht auf die Haut beschränkten, sondern sich auch auf die specifischen Sinne erstreckten.

Briquet[47] hatte deutlich und konstant bei ungefähr 40 Proz. der Hysterischen Anästhesien angetroffen; er hatte bemerkt, daß sie gewöhnlich auf eine Seite des Körpers beschränkt waren, mit großer Vorliebe auf die linke (im Verhältnis von 3 : 1), und daß sie sich in diesem Falle auch auf die entsprechenden Sinnesorgane erstreckten. Briquet bemerkte ferner, daß das der hemianästhetischen Seite gegenüberliegende Ohr gewöhnlich seine ganze Sensibilität bewahrte.

Die Mehrzahl der Autoren, die sich nach Briquet mit diesem Gegenstande beschäftigt haben, beschränken sich darauf, im ganzen die von ihm geäußerten Ansichten wiederzugeben, beschäftigen sich aber gewöhnlich nicht speciell mit dem Verhalten der Sinnesorgane.

Féré[63] studiert in einer interessanten Arbeit über die Hysteroepilepsie den Zustand der Sinnesorgane bei Hemianästhesie. Er nimmt an, es bestehe ein konstantes Verhältnis zwischen der Haut- und der sensoriellen Insensibilität. In Bezug auf das Auge z. B. verschwindet die Empfindlichkeit der Conjunctiva in größerem oder geringerem Maße, je nachdem das Gesichtsfeld mehr oder weniger beschränkt und die Wahrnehmung irgend einer Farbe verloren gegangen ist; vollständige Achromatopsie und Amaurose sind auch von Unempfindlichkeit der Hornhaut begleitet.

Auf Grund seiner, in der Salpêtrière ausgeführten Untersuchungen bestätigt Walton[65] die Ansichten Féré's und stellt fest, daß der Grad der Taubheit bei Hemianästhesie dem der Hautanästhesie entspricht.

Die vollständigste, bisher über unseren Gegenstand erschienene Monographie ist die von Lichtwitz[70]. Im Gegensatz zu den Angaben von Féré und Walton bemerkt dieser Autor, das Gehör könne bei Hemianästhesie auf beiden Seiten fast normal oder auf der sensiblen Seite mehr geschwächt sein, als auf der anästhetischen, also stehe die Hautanästhesie nicht immer im Verhältnis zum Grade der Taubheit.

Er erwähnt die in der Litteratur beschriebenen Fälle, über die wir später unter den verschiedenen Abteilungen berichten werden.

Mehr ins Einzelne gehende Anzeichen besitzen wir über den Transfert in Bezug auf die akustische Sensibilität.

Gellé[58] nahm zugleich mit Landolt und Reynard an einer von der Société de Biologie ernannten Kommission teil, um in der Klinik von Charcot die Metallotherapie nach dem System von Burq zu studieren. Neben den Erscheinungen, welche die Anlegung des Metalls — für welches die hemianästhetische, hysterische Kranke empfindlich ist — an der Anlegungsstelle verursacht (Temperaturzunahme, Rötung der Haut, Rückkehr der Hautsensibilität und Zunahme des Kapillarkreislaufs), hat Gellé auch das Wiedererscheinen des Gehörs in Fällen von akustischer Hyperästhesie beobachtet und zuerst erkannt, daß mit diesem Wiedererscheinen eine Abnahme des Gehörs auf der gesunden Seite zusammenfällt. Die Prüfung der Gehörschärfe wurde nur mittelst der Uhr ausgeführt. Wir bemerken, daß er die Subjekte mit solchen Gehörläsionen ausgeschieden hat, welche die Resultate der Untersuchung beeinflussen könnten.

Weitere Beobachtungen über den Transfert in Bezug auf akustische Anästhesien verdanken wir Politzer[53] und Urbantschitsch[61], welche mehrmals Gelegenheit hatten, eine 25-jährige Kranke zu untersuchen, welche ihnen von Rosenthal[52] vorgestellt wurde. Politzer beobachtete in diesem Falle die ästhesiogene Wirkung der Luftdusche. Urbantschitsch bemerkte, daß der Transfert, den man durch Anlegung von Metallen nicht erhalten konnte, leicht bei Anwendung des Magnets zustande kam. In den ersten 4 Minuten beobachtete man kein Phänomen, und dann verschwand allmählich das subjektive Geräusch rechterseits, um zur Linken aufzutreten. Plötzlich wurden dann hohe Töne links wahrgenommen, und weniger gut rechts, während links die Taubheit für tiefe Töne fortdauerte. Nach einigen weiteren Sekunden wurden auch die tiefen Töne links gut gehört, und rechts war mit dem Verschwinden der subjektiven Geräusche akustische Anästhesie erschienen. In ungefähr 6 Minuten war der zurückkehrende Transfert eingetreten. Um diese Eigentümlichkeiten der Erscheinung erkennen zu können, bemühte sich Urbantschitsch ihr Auftreten zu verlangsamen, indem er den Magnet 5 cm weit von der Haut des Gesichts entfernte und seine Anwendung auf nur 2 Minuten beschränkte. Er fand ferner, daß nach Hervorbringung des ersten Transferts durch den Magnet sich sekundäre, spontane Transferts zwei, drei und mehrere Male wiederholten, und daß die subjektiven Geräusche, welche dem Transfert vorausgingen, selbst 24 Stunden lang aufhörten, wenn dieser vollständig war, obgleich die Kranke in Bezug auf die akustische Sensibilität in dem früheren Zustande blieb und vor dem Transfert Geräusche im rechten Ohr hörte.

WESTPHAL[54], MABILLE[62], GUICCIARDI und PETRAZZANI[73] haben, nebst anderen, den Transfert studiert, sich aber nicht speciell mit der akustischen Anästhesie beschäftigt. Die beiden letzteren Autoren bemerkten an der Kranken, an der sie mit statischer Elektricität experimentierten, daß der Gehörstransfert in 18 Minuten und der Rückkehrstransfert in 11 Minuten eintrat.

LICHTWITZ erhielt bei seiner Beobachtung (III[71]) den Transfert, indem er den Gehörgang der hemianästhetischen Seite mit Quecksilber füllte, bei der Beobachtung IV dadurch, daß er eine Goldmünze auf die Mundschleimhaut zwischen der Kinnlade und der Wange anlegte. Er scheint sich nicht im einzelnen mit dem Verhalten der akustischen Sensibilität gegen die verschiedenen Töne beschäftigt zu haben.

Die Abnahme der Gehörsensibilität ist also eines der Phänomene, welche die sogen. sensitiv-sensorielle Hemianästhesie bei Hysterischen begleiten*), und als solches daher durchaus nicht selten. Wenn wir, um uns eine Vorstellung von der Häufigkeit der Hemianästhesie bei Hysterie zu verschaffen, im allgemeinen die von den Autoren veröffentlichten Fälle von Hysterie betrachten und auch diejenigen ausscheiden wollen, welche wegen des ungewöhnlichen Interesses, das ihre besondere Schwere darbot, einzeln publiziert worden sind, so erhalten wir folgende Resultate: BRIQUET[45] fand unter 7 Fällen, welche Männer betrafen, 4-mal Hemianästhesie; SOUQUES[75] unter 13, ebenfalls Männern, 4-mal; OSERETZKOWSKY[69] fand unter 11 hysterischen Männern bei 3 Hemianästhesie. THOMSON und OPPENHEIM[66] geben unter 9 hysterischen Weibern, deren Geschichte weitläufig erzählt wird, bei 6 einseitige oder beiderseitige Schwächung des Gehörs an.

In Bezug auf Hystero-Traumatismus geben THOMSON und OPPENHEIM Hemianästhesie 7mal unter 9 Beobachtungen an, LYON[74] 6mal unter 9, VIBERT 2mal unter 15. Wenn man die genannten Fälle zusammenzählt, findet man, daß unter 73 Fällen von männlicher oder weiblicher Hysterie oder von Hystero-Traumatismus bei 32 (43,8 Proz.) Störungen der Gehörsensibilität angegeben werden, und dieses Verhältnis entfernt sich nicht weit von dem von BRIQUET aufgestellten von 40 Proz., wie wir weiter oben erwähnten. Die sog.

*) Bekanntlich stimmen die Autoren darin miteinander überein, daß die Hysterie beim Manne dieselben Charaktere zeigt, wie beim Weibe; aber über die Häufigkeit der männlichen Hysterie gehen die Meinungen auseinander. Während z. B. SOUQUES[75] nachweisen will, daß wenigstens in den niederen Klassen die Hysterie bei Männern häufiger ist, als bei Weibern, nimmt BIDON[20] ein Verhältnis von 1 Mann zu 3 Weibern und KRAFFT-EBING ein solches von 1 Mann zu 20—25 Weibern an.

Was den häufigsten Sitz der Hemianästhesie betrifft, so ist CHARCOT[76] geneigt, sie beiderseits für gleich häufig zu halten, während der größte Teil der Autoren annimmt, sie sei links häufiger, als rechts (BRIQUET[47] 3 : 1, Dict. JACCOUD 4 : 1).

„frühzeitige" Hysterie bei Kindern hat dieselben Charaktere, wie die der Erwachsenen (Greffier[64], Peugniez[68]).

Auch die akustische Hyperästhesie hat die Aufmerksamkeit der Autoren, die sich mit Hysterie beschäftigt haben, auf sich gezogen. Man muß in dieser Beziehung zwei Formen von akustischer Hyperästhesie unterscheiden. Die eine, echte, wird dargestellt durch eine wirkliche Erhöhung der Hörschärfe, welche größer wird, als die normale, und die andere, welche man besser „schmerzhafte Hyperakusie" nennen sollte, wird durch ein unangenehmes, fast schmerzhaftes Gefühl bezeichnet, welches Toneindrücke von einer gewissen Stärke, die bisweilen nicht sehr bedeutend ist, dem Kranken verursachen Die schmerzhafte Hyperakusie begleitet bisweilen die akustische Hypästhesie, seltener die echte Hyperästhesie. Von letzterer führt Briquet[19] ein Beispiel an in einer Beobachtung von Monneret an einer hysterischen Frau, welche nach einem starken Krampfanfalle den sie umgebenden Personen mitteilte, ihr seit einiger Zeit abwesender Mann sei im Begriff, zurückzukehren. Und in der That, einige Augenblicke nach dieser Art von Ahnung trat der Mann ein. Später gestand sie, sie habe ihn an seinem Gange erkannt, als er durch einen von ihrem Zimmer sehr entfernten Thorweg eintrat. Desbrosse[51] giebt an, bisweilen gehe dem Verluste des Gehörs eine übermäßige Feinheit dieses Sinnes voraus.

Die schmerzhafte Hyperakusie ist eine ziemlich häufige Erscheinung bei Hysterischen und bildet sozusagen das akustische Element der verschiedenen Algien, welche man bei dieser Neurose antrifft. Bei einigen der von mir beobachteten Kranken war es auffallend, daß ein unangenehmes, widerwärtiges Gefühl bei ihnen selbst durch schwache, aber dauernde Töne erregt wurde, wie z. B. durch das Geräusch von Schritten in dem über ihrer Wohnung liegenden Zimmer, durch den Gesang der Vögel, durch das Tik-Tak einer Uhr, während starke, aber nicht dauernde Geräusche gut ertragen wurden (ein Kanonenschuß in der Nachbarschaft). Eben diese Kranken, welche an Hyperästhesie der Haut, der Mund- und Nasenschleimhaut litten, gerieten bei der Berührung mittelst einer Sonde außer sich, blieben aber ruhig während der schmerzhaften Galvanisierung der Nasenschleimhaut.

Ich hatte Gelegenheit, 5 typische Fälle von sensitiv-sensorieller Hemianästhesie in Bezug auf das Verhalten des Gehörorgans zu studieren; die Befunde werden weiterhin angegeben werden.

B. Veränderungen der akustischen Sensibilität in Bezug auf Affektionen des Ohrs.

Gehörstörungen von hysterischem Charakter finden sich nicht nur, wie wir sagten, bei der sensitiv-sensoriellen Hemianästhesie, sondern sie begleiten auch bei prädisponierten Personen die verschiedensten organischen Läsionen des Ohrs. Man findet also auch beim Ohr jene Verbindung von anatomischen Läsionen und neurotischen Erscheinungen, welche die Aufmerksamkeit der Neuropathologen in Bezug auf andere Organe erst in diesen letzten Jahren anf sich gezogen hat. Man darf nicht glauben, es sei zum Bestehen einer solchen Verbindung nötig, daß man bei demselben Individuum einerseits sehr deutliche Stigmata von Hysterie, andererseits bedeutende Läsionen des Organs antrifft; im Gegenteil, die letzteren können unbedeutend sein*), und andererseits kann fast jedes deutliche Symptom von allgemeiner Neurose ganz fehlen. Wie Babinski bei der Publikation einiger typischen Fälle von Verbindung der Hysterie mit organischen Krankheiten des Nervensystems richtig bemerkt, dehnt sich das Gebiet der Hysterie täglich weiter aus; es giebt wenige Personen, die unter gewissen Umständen und unter dem Einfluß mehr oder weniger energischer Gelegenheitsursachen ihrer Macht nicht unterliegen.

Was das Gehörorgan betrifft, so scheinen bis jetzt von den Otologen die anatomischen Alterationen nicht hinreichend beachtet worden zu sein, welche in solchen Fällen die nötige Unterlage, die bestimmende Ursache der Lokalisation der allgemeinen Neurose im Ohr bilden. In der That haben die Autoren, durch die Schwere und Auffälligkeit der funktionellen Symptome aufmerksam gemacht, diese Erscheinungen genau studiert, aber nicht auf die zugleich bestehenden, oft leichten Läsionen des Ohrs geachtet. Und doch muß man, zur richtigen Deutung so komplizierter klinischer Formen, auch auf diese besondere Rücksicht nehmen.

Die Modifikationen der akustischen Sensibilität von hysterischem Charakter, welche an örtliche Veränderungen des Gehörorgans gebunden sind, kann man unter folgenden Kategorien unterbringen, mehr zur Bequemlichkeit der Darstellung, als wegen wesentlicher Unterschiede zwischen den verschiedenen Gruppen:

a) Verminderung, bis zur Aufhebung des Gehörs.
   1) Durch organische Läsionen des Ohrs.
   2) Durch Traumen.
   3) Durch Intoxikation, Typhus etc.

b) Taubheit, verbunden mit Stummheit.

---

*) Man muß bekennen, daß in einigen seltenen Fällen dieser Art wirkliche Alterationen des Gehörorgans mit unseren diagnostischen Mitteln nicht nachweisbar sind; man muß zur Erklärung der Lokalisation der Neurose ein erbliches, prädisponierendes Element, vorausgegangene Entzündungserscheinungen u. s. w. heranziehen.

a) Akustische Anästhesie bei Hysterie.

Ueber Fälle von schwerer oder vollständiger Taubheit von vorübergehendem Charakter, die man mit Hysterie in Verbindung bringen kann, wird von verschiedenen Autoren berichtet, aber meistens sind die Beschreibungen der Fälle unvollständig, denn es fehlen die Resultate der körperlichen Untersuchung und die Einzelheiten über die allgemeine neurotische Affektion, auch die Resultate der Untersuchung des Ohres sind wenig genau; aber obgleich die Diagnose oft nicht mit Sicherheit festgestellt werden kann, macht es die Prüfung der klinischen Form wenigstens in einer Reihe von Fällen sehr wahrscheinlich, daß es sich um Hysterie gehandelt habe. In anderen Fällen sind die Angaben ungenügend, um als Ursache der Taubheit eine Otitis interna, besonders infolge von Syphilis, auszuschließen.

Wir wollen diese Fälle in drei Abteilungen bringen:

1) Fälle, in denen von den Autoren vorwiegend hysterische Symptome angegeben werden; es ist nach dem oben Gesagten ziemlich wahrscheinlich, daß zugleich vielleicht leichte Läsionen des Ohres bestanden, obgleich sie von den Autoren nicht angegeben werden.

2) Fälle, in denen von den Autoren vorwiegend organische Läsionen des Ohres angegeben werden.

3) Fälle von zweifelhafter Deutung wegen ungenügenden Angaben.

---

1) Fälle, in welchen von den Autoren vorwiegend hysterische Symptome angegeben werden.

Itard berichtet über viele Fälle von mehr oder weniger vollständiger Taubheit, welche plötzlich mit neurotischen Charakteren entstanden sind. Unter ihnen findet sich der Fall einer Dame [78], welche zur Zeit der Menopause verschiedene nervöse Störungen zeigte. Nach einer Suggestion bekam sie einen apoplektiformen Anfall und wurde plötzlich vollkommen taub. In anderen, auch von Itard [26] und von Giraudy [26] beschriebenen Fällen handelte es sich um plötzliche Taubheit bei Kindern infolge der Anwesenheit von Eingeweidewürmern.

In der ophthalmologischen Litteratur finden sich vollkommen ähnliche Fälle von Amblyopie oder Amaurose, als Reflexe von Helminthiasis, welche hysterischen Charakter zeigen.

Bemerkenswert ist ein Fall von Schwartze [80], einen 19-jährigen Bauern betreffend, mit linksseitiger sensitiv-sensorieller Hemianästhesie und vollständiger Taubheit derselben Seite. Als dieser Fall bekannt gemacht wurde, sprach man noch nicht von männlicher Hysterie; man begreift die Schwierigkeit der Diagnose, die er damals darbot.

Moos [81], [82] berichtet in wichtigen Arbeiten, die Beziehungen zwischen den Krankheiten des Gehörorgans und denen des N. trigeminus betreffend, über zwei Gruppen von Beobachtungen. In der ersten waren Alterationen sowohl des Acusticus, als des Trigeminus vorhanden, aber von letzterem war nur der sensible Ast ergriffen, der motorische war unversehrt; die Störungen waren gewöhnlich bilateral. In der zweiten Gruppe war auch der motorische Ast des fünften Nervenpaares erkrankt, und die Störungen waren meistens unilateral. Die Prüfung der sehr sorgfältig redigierten Beobachtungen von Moos beweist uns, daß die zweite der genannten Gruppen mit eiterigen Krankheitsprozessen des Ohrs in Verbindung stand, die sich auf den Trigeminus verbreiteten, und daß von den 4, die erste Gruppe bildenden Fällen, 3 als hysterisch zu betrachten waren (akustische Anästhesie mit Anästhesie der Haut und bisweilen anderer Sinnesorgane). Im vierten (Mann von 45 Jahren) scheint es sich um eine organische Läsion der Nervencentra gehandelt zu haben (Ataxie mit Hirnphänomenen).

Die drei ersten betrafen junge Personen (von 14, 17 und 24 Jahren), die Krankheitsursache war in 2 Fällen rheumatischer Natur. Es ist bemerkenswert, daß der Autor die schmerzhafte Hyperakusie mit der Vermehrung der taktilen Sensibilität des äußeren Gehörgangs in Verbindung bringt. Moos nimmt an, der Sitz der Affektion sei in seinen Fällen im verlängerten Mark gewesen; die anatomischen Veränderungen bekennt er, nicht deuten zu können.

Norris [83], Miomandre [85], Bürkner [88], Oseretzkowsky [89], Koll [90], Krakauer [91], Kauffmann [77] veröffentlichen Fälle von hysterischer Taubheit. Außerdem sind noch besonders zu erwähnen ein Fall von Haug [94], ein solcher von Habermann [108 bis] und einer von Cartaz [250].

Haug: Student der Rechte, 23 Jahre alt, in hohem Grade neurasthenisch. Während er eifrig studierte, um sich auf das Examen vorzubereiten, wurde er zuerst von schmerzhafter Hyperakusie für alle Töne und Geräusche ergriffen, selbst für die schwächsten, dann von starkem Kopfschmerz, heftigem Schwindel u. s. w. Bei der Abnahme des Kopfschmerzes trat Taubheit auf, welche allmählich zunahm, so daß nach 3 Wochen die Stimme eines Sprechenden nur in der Nähe vernehmlich war. Die objektive Untersuchung des Ohres fiel negativ aus.

Das Gehör kehrte vollständig zurück infolge von körperlicher und geistiger Ruhe.

Habermann: Student von 15 Jahren, der sich seit ungefähr einem halben Jahre über Abnahme des Gehörs, Druck im Kopf und Gedächtnisschwäche beklagte. Die Untersuchung zeigte zu Anfang die Dauer der Tonwahrnehmung durch die Knochen normal, durch die Luftwege vermindert. Die Taubheit nahm infolge von geistiger Aufregung zu; außerdem trat Hyperästhesie der Kopfhaut, Abnahme des Gesichts, Hautanästhesie der rechten Hälfte des Rumpfes und der Glieder auf. 4 Wochen später bestand vollständige Blindheit und Hyperästhesie des Geruches, so daß der Kranke Personen, die er nicht sah, am Geruch erkennen konnte. Teilweise Hautanästhesie. Einmal verstärkte sich das Gehör vorübergehend auf der linken Seite bis auf 9 m für die Flüsterstimme. Die Anlegung von Gold verursachte das Transfert. Fortschreitende Besserung des Gesichts und Gehörs.

CARTAZ: Vierzigjährige Frau von ziemlich nervösem Temperament, ohne besondere Störungen an Augen und Ohren, noch hysterischen Anfällen unterworfen. Infolge einer heftigen Gemütsbewegung hatte sie Schluchzen, nervöse Krämpfe; der Anfall dauerte eine Stunde, und die Kranke legte sich sehr unruhig zu Bett. Am Morgen erwachte sie blind und taub. Sie zeigte außerordentliche Hyperästhesie der Haut, so daß die Berührung der Bettdecke mit ihrem Körper, ein schwaches Blasen ins Gesicht allgemeine tonische Kontraktionen und krampfhaftes Zittern hervorriefen. Es ist bemerkenswert, daß das Vorüberführen eines Lichtes vor ihren Augen allgemeine Krampfbewegungen veranlaßte, ebenso verursachte die Stimme oder ein unerwartetes Geräusch nahe an ihrem Ohr Zuckungen, aber ohne bewußte Wahrnehmung von Licht oder Ton. (Subkonsciente Wahrnehmung.)

CARTAZ legte eine 40 cm lange Metallplatte hinter die Ohrmuschel und klopfte darauf mit einem Schlüssel; die Kranke hörte einen Ton und fragte, wer die Glocken läutete. Von da an hörte sie auch wieder die Uhr, und das Gesicht kehrte zurück. Die Anlegung des Magnetes vervollständigte die Heilung.

In Bezug auf hysterische Taubheit erwähnt FERRIER [259] das abwechselnde Auftreten von Taubheit und Blindheit bei einem hysterischen Mädchen von 22 Jahren. Ein wegen der angewendeten Behandlungsmethode besonders merkwürdiger Fall von hysterischer Taubheit, bestehend in progressiver Uebung, wurde neuerlich von MACKENZIE [260] veröffentlicht.

2) Fälle von hysterischer Taubheit, bei denen von den Autoren vorzugsweise Läsionen des Ohrs angegeben werden.

Zu dieser Kategorie gehören einer der Fälle von MOOS [82], einen 21-jährigen Soldaten mit leichtem Tubenkatarrh betreffend, die erste Beobachtung von OUSPENSKY [84] an einem 19-jährigen Mädchen, welche an beiderseitiger eiteriger Otitis litt und eine interessante Reihe von hysterischen Symptomen zeigte. Trotzdem glaubt der Autor nicht, daß es sich um eine hysterische Form handelte, sondern scheint geneigt, die Erscheinungen von einer Krankheit des Gehirns oder der Schädelbasis abzuleiten.

MAGNUS [86] berichtet ausführlich über die Geschichte eines Kindes, das an Tubenkatarrh behandelt wurde und plötzlich taub wurde. Es wurde ebenso plötzlich wieder gesund, nachdem die Mutter den kleinen Kranken auf die linke Wange geküßt hatte.

JACOBSON [87] erzählt von einem Mädchen von 18 Jahren mit einem Pfropf von Cerumen auf beiden Seiten, welches später schwere Taubheit zeigte und beim Wiedererscheinen der Menstruation von selbst gesund wurde; WÜRDEMANN von einer Frau mit hysterischen Stigmaten, welche an chronischer katarrhalischer Otitis litt und plötzlich eine auffallende Verschlimmerung ihrer Taubheit zeigte.

EITELBERG [92] veröffentlicht die Geschichte eines 26-jährigen Mannes, den er an chronischem Katarrh des Mittelohrs behandelte. Dieser zeigte vollständige Taubheit linkerseits mit Hypästhesie der Haut des Gehörgangs nach Einführung eines mit Schwefeläther getränkten Wattetampons in einen hohlen Zahn. Dies verschwand nach Wegnahme des Tampons.

Wenn die organischen Läsionen des Ohrs nicht derart sind, daß sie, wie in den hier angeführten Fällen, vollständige akustische Anästhesie hervorbringen, sondern, wie es in der Praxis häufiger vorkommt, nur einen bestimmten Grad von akustischer Hypästhesie veranlassen, kann es schwer werden, zu erkennen, welchen Anteil an dem Gehörfehler von der organischen Läsion und welcher von dem vermuteten neurotischen Elemente abhängt.

In der That können uns wegen der verhältnismäßigen Geringfügigkeit der Gehörstörungen weder die objektive Untersuchung, noch die funktionellen Beweise wichtige Unterscheidungsmerkmale liefern, so daß unser Urteil sich oft nur auf die von dem Kranken dargebotene allgemeine Symptomatologie und die, trotz der Fortdauer der organischen Veränderungen, ausgedehnten und häufigen Abwechselungen des Hörvermögens stützen kann. Diese Schwierigkeiten erklären es, warum der Gegenstand noch nicht von den Ohrenärzten ausführlich behandelt worden ist.

Neben Fällen, in denen, wie man gestehen muß, ein genaues, diagnostisches Urteil bei dem jetzigen Zustande unserer Kenntnisse noch nicht gefällt werden kann, giebt es andere, bei denen die Verbindung des organischen mit dem neurotischen Elemente leicht nachweisbar ist.

Unter diesen letzteren wollen wir zuerst über einige in der Litteratur veröffentliche Fälle berichten, dann ähnliche Erscheinungen erwähnen, die das Auge, den Larynx und das Centralnervensystem betreffen.

E. POLITZER [104], DENNERT, BÜRKNER [107], HABERMANN [108 bis], MIOT [110], FULTON [112], GILLES [117] berichten über Fälle von partieller Taubheit von neurotischem Charakter in Verbindung mit Läsionen des entsprechenden Auges. Ein Fall v. STEIN's [120] zeigt interessante Eigentümlichkeiten, welche die Annahme des psychischen Charakters der Anästhesie bei Hysterie unterstützen; über seine Deutung werden wir weiterhin sprechen. ROHRER [128] erzählt mit vielen Einzelheiten den Fall eines 7-jährigen Kindes mit chronischer, katarrhalischer Rhinopharyngitis und katarrhalischer Otitis, dessen funktionelles Defekt zum Teil auf den Perceptionsapparat der Töne zurückzuführen war. Die Behandlung der Otitis media brachte fast vollkommene Heilung. Um diesen Fall zu erklären, nimmt ROHRER an, die Retraktion des Trommelfells habe einen Torpor in dem Apparat des Labyrinths und des Hörnerven verursacht, während es bei dem Vergleich mit den ähnlichen, oben angeführten Fällen ziemlich wahrscheinlich ist, daß es sich um eine akustische Hypästhesie von hysterischer Natur handelte, die mit organischer Affektion des Mittelohres verbunden war.

Ein Fall von URBANTSCHITSCH[108], einer von ARTEAGA[126], und von INGALS[134] könnten zu dieser Abteilung gehören, aber ihre Deutung ist zweifelhaft.

Wenn man die otiatrische Litteratur durchsieht, bemerkt man, daß von den Autoren in Fällen von Otitis media wiederholt Modifikationen bei der osteo-tympanischen Wahrnehmung der Uhr angegeben werden. LUCAE[100] und BÜRKNER[105] haben bemerkt, daß der Grad der Wahrnehmung der Uhr durch Berührung oft von dem Zustande des Mittelohrs abhängt. E. POLITZER[104] nahm zur Erklärung dieser Erscheinung übermäßigen Druck des tympanalen Exsudats auf das ovale Fenster an.

SCHWARTZE[101] hatte bemerkt, daß bei akuter Otitis media der Mangel der Wahrnehmung durch die Knochen nicht sogleich nach der Paracentese und Entleerung des Exsudats aus der Trommelhöhle verschwindet, wenn also ein von diesem möglicherweise ausgeübter Druck aufgehört hat, sondern erst etwas später, und ist geneigt, anzunehmen, die Verminderung oder das Aufhören der osteo-tympanalen Wahrnehmung sei in solchen Fällen von sekundärer Hyperämie und seröser Imbibition des Labyrinths abhängig.

Man beobachtet täglich in der Klinik den bedeutenden Grad von auf den Perceptionsapparat zu beziehender Schwerhörigkeit, welche man bei jungen Personen in Fällen von akuter Otitis media autreffen kann (D. V. am besseren Ohre, Rinne positiv). BEZOLD bemerkte, daß bei akuter oder subakuter Otitis das Experiment von RINNE oft positiv ausfällt, auch wenn bedeutende Schwächung des Gehörs vorhanden ist.

Für diese Thatsachen bieten sich mehrere Erklärungen dar, nämlich:

1) Die Schwächung der osteo-tympanalen Transmission der Töne kann von der Verminderung der vibratorischen Exkursion der Steigbügelplatte abhängen, verursacht durch Druck des Exsudats im Mittelohr oder durch übermäßige Spannung der Kette der Gehörknöchelchen.

2) Es kann sich um Vermehrung des endolabyrinthären Druckes und darauf folgende funktionelle Störungen handeln, hervorgerufen durch übermäßige Anspannung der Kette der Gehörknöchelchen.

   (Otopiesis, nach BOUCHERON, Torpor des Gehörnerven, nach ROHRER.)

3) Es kann sich um kollaterale Hyperämie oder seröse Imbibition des Labyrinths handeln, welche oft bei Entzündungsprozessen des Mittelohrs vorkommen.

4) Man kann endlich akustische Hypästhesie von hysterischem oder hysteroidem Charakter annehmen, welche mit organischen Alterationeu des Gehörorgans verbunden ist.

Wir wollen diese verschiedenen Hypothesen einer kurzen Betrachtung unterwerfen.

1) Erschwerte Vibration der Platte des Steigbügels. Es ist jetzt sicher festgestellt, daß an dem Durchgang der Töne durch die Schädelknochen der Zustand der Kette der Gehörknöchelchen und besonders der Platte des Steigbügels wichtigen Anteil hat. LUCAE hat diese Thatsache experimentell an der Leiche erkannt; ich selbst habe mittelst meines osteo-tympanischen Akumeters nachgewiesen, daß in allen Fällen von Otitis media bei unversehrtem Labyrinth in geringem Grade eine Verminderung der Transmission durch die Knochen besteht, welche wahrscheinlich auf Verminderung des tympanalen Koeffizienten der Transmission selbst zurückzuführen ist. Eine ganze Reihe von klinischen Thatsachen läßt sich zur Stütze dieser Ansicht anführen.

Es ist jedoch zu bemerken, daß das durch erschwerte Vibration der Steigbügelplatte verursachte Hindernis der Transmission viel mehr Einfluß auf die Transmission der tiefen Töne durch die Luft, als durch den Knochen ausübt, und daß sich also auf diese Weise die ziemlich zahlreichen Fälle nicht erklären lassen, bei denen Rinne mit tiefen Tönen positiv ausfällt.

2) Otopiesis oder Torpor des N. acusticus, hervorgerufen durch übermäßige Retraktion der Kette der Gehörknöchelchen. — Dauernde Zunahme des endolabyrinthären Druckes würde Atrophie der funktionellen Elemente hervorbringen. (Ein ähnlicher Vorgang, wie das Glaukom am Auge.)

Es bedarf nicht vieler Worte, um diese, von BOUCHERON[135,136,137] verteidigte Hypothese zu widerlegen. Ihr widersprechen tägliche klinische Beobachtungen, welche uns die Häufigkeit guten Gehörs trotz übermäßiger Retraktion der Membr. tymp. beweisen. Wie ich in einer anderen Arbeit erwähnt habe, kann man eine dauernde Vermehrung des labyrinthischen Drucks infolge übermäßigen Eindringens der Basis des Steigbügels nicht für möglich halten, wenn man die Verbindungswege der perilymphatischen Flüssigkeit mit den endokraniellen Räumen bedenkt, die besonders HASSE[138] deutlich gemacht hat. Es kann nur kurz dauernde Veränderungen des Drucks geben, wie uns die klinische Erfahrung beweist, aber auch in diesem Falle ist eine Abnahme des atmosphärischen Drucks im Mittelohr von einer kurz dauernden Abnahme des labyrinthären Drucks begleitet, nicht von einer Zunahme (BEZOLD[139]).

CORRADI[140] hat, gestützt auf die Resultate des Experiments der centripetalen Pressionen von GELLÉ, die Hypothese von BOUCHERON als irrig nachgewiesen. Endlich hat OSTMANN[141] in einer neueren, experimentellen Arbeit den Beweis geliefert, daß bedeutender, dauernder Druck im Labyrinthe nicht stattfinden kann.

3) Kollaterale Hyperämie und seröse Imbibition im Labyrinth (Schwartze).

Dieses ursächliche Moment der verminderten Perception durch den Knochenweg muß man nur in Fällen von akuten entzündlichen Zuständen des Mittelohrs für sehr wahrscheinlich halten, weil es durch zahlreiche klinische Beobachtungen gestützt wird; wenn es uns aber gestattet, auch einen gewissen Grad der Abnahme des Perceptionsvermögens zu erklären, so vermag es nach unserer Ansicht nicht, die auffallenden Grade der Taubheit zu erklären. Wie wir seiner Zeit bei Gelegenheit der hysterogenen Zonen des Ohrs angeben werden, sind wir der Meinung, daß die kollateralen Alterationen des Labyrinths, welche von akuten Krankheitsprozessen des Mittelohrs abhängen, ihrerseits leicht zur Entwickelung verschiedener funktioneller Störungen von neurotischem Charakter Gelegenheit geben.

4) Akustische Hypästhesie oder Anästhesie von hysterischer Natur, mit organischen Alterationen des Gehörorgans verbunden.

Dies ist nach unserer Meinung die häufigste Ursache der auf den Perceptionsapparat bezüglichen funktionellen Störungen, welche bei jugendlichen Personen oft die Krankheiten des äußeren und mittleren Ohrs begleiten. Wir haben oben mehrere, der otologischen Litteratur entlehnte Beispiele von schwerer Taubheit angeführt, welche an leicht heilbare Affektionen des Mittelohrs gebunden waren. Das Auftreten dieser Formen von Taubheit bei Individuen, welche meistens deutliche Zeichen von Hysterie aufwiesen, der häufige, weitgehende Wechsel von funktionellen Gehörsstörungen die vollständige Heilung, die gewöhnlich erreicht wurde, schließen die Möglichkeit aus, daß es sich in diesen Fällen um gleichzeitig bestehende schwere organische Affektionen des Labyrinths oder des N. acusticus gehandelt hätte.

Andere, nicht weniger wichtige Beweise zur Stützung dieser Behauptung lassen sich, der Analogie nach, aus dem Nachweis des häufigen Vorkommens verschiedener neurotischer Störungen mit anatomischen Läsionen anderer Organe und Systeme entlehnen. Wir wollen hier kurz das Wenige angeben, was man bis jetzt von solchen krankhaften Verbindungen weiß, indem wir sie in 4 Abteilungen bringen, je nachdem sie sich beziehen: a) auf das Ohr, b) auf das Auge, c) auf den Larynx, d) auf das Centralnervensystem.

a) Organische Läsionen des Ohrs können zu funktionellen Störungen im Gebiet anderer Organe Veranlassung geben, und umgekehrt.

Wir haben schon zu seiner Zeit, bei Gelegenheit der sensitiv-sensoriellen Hemianästhesie angegeben, daß diese durch Läsionen des Ohrs, auch wenn sie nicht schwer sind, verursacht und unterhalten werden kann. Urbantschitsch[142] hat das häufige Vorkommen von Erscheinungen von ganz ähnlicher Bedeutung auch bei nicht hysterischen Personen nachgewiesen. Er hat bemerkt, daß der Katheterismus oder die Sondierung der Eustachischen Trompete auf der kranken Seite weniger schmerzhaft war als auf der gesunden. In der Mehrzahl der Fälle war die Gefüls- und Temperaturempfindung auf der Seite des kranken Ohres vermindert, in der Art, daß die Verminderung in der Nähe des Ohres am deutlichsten war und desto mehr abnahm, je weiter man sich von da nach der Medianlinie zu entfernte. Auch die Dauer der sekundären Empfindungen bei Nadelstichen war abgekürzt.

Deleau[95] und Kiesselbach und Wolffberg[111] geben das gleichzeitige Bestehen von funktionellen Störungen des Auges und Läsionen des Ohrs derselben Seite an.

Außerdem werden in der Litteratur von Störungen des Gehörs und Gesichts begleitete Fälle von Gesichtsneuralgie (?) angeführt; gewöhnlich sind jedoch die klinischen Beschreibungen allzu unvollständig, als daß man mit Sicherheit ein diagnostisches Urteil fällen könnte. James[96] schrieb im Jahre 1840, eine große Zahl von Amaurosen und Taubheiten seien zu Anfang nichts weiter als Neuralgien des Quiutus, welche diejenigen Zweige dieses Nerven befallen hätten, die in Verbindung mit der Gesichts- und Gehörsfunktion stehen. Auch der Geruch und Geschmack können mit solchen Neuralgien zusammenhängen. Diese alte Vorstellung von der anatomischen Lokalisation entspricht, wie man sieht, ziemlich gut der modernen Ansicht über die Hemianästhesie. Ebenso können die Störungen im Gebiet des Facialis, des Acusticus, die taktile Hypästhesie, die Aufhebung des Geschmacks, Symptome, die in den klinischen Beobachtungen III und IV einer im Jahre 1858 von Ziemssen[98] veröffentlichten Arbeit besprochen und auf organische Affektionen bezogen werden, vielleicht Beispiele von hysterischen Störungen darbieten.

Für zweifelhaft muß man die Deutung des von Tripier[102] (Beob. III) erzählten Falles von einer (vollständigen?) linksseitigen Taubheit in Verbindung mit Angina halten; mit der Heilung der einen verschwand auch die andere.

Bemerkenswert ist folgender, von mir beobachteter Fall. Mädchen von 22 Jahren, typischen hysterischen Anfällen ausgesetzt und viele Stigmata der Neurose aufweisend. Eine schwere rechtsseitige Otalgie und beiderseitige akustische Hypästhesie wurden verursacht und unterhalten durch ein syphilitisches Geschwür an der rechten Seite der Zunge. Die Heilung dieser letzten Läsion brachte jede Spur der Gehörstörungen zum Verschwinden.

Die Auflagerung von hysterischen Beschwerden über Läsionen einzelner Organe hat die Lehre von den peripheren Hysterismen hervorgebracht.

LASÈGUE[106] machte im Jahre 1878 auf diese lokalen Hysterismen aufmerksam und behauptete, gestützt auf zahlreiche eigene Beobachtungen, die funktionellen Störungen seien nicht symmetrisch, sondern fixierten sich an wohl begrenzten Stellen, infolge ganz örtlicher Ursachen und nicht nach Zufall. In allen Fällen gehe der Erscheinung der neurotischen Störungen schmerzhafte, örtliche Reizung voraus. STRÜMPELL[118] bemerkt in dieser Beziehung, daß der Teil, auf welchen aus irgend einem Grunde die Aufmerksamkeit des Subjekts vorzugsweise gelenkt wird, später leicht zum Sitz des nervösen Leidens werden wird. Die am besten bekannten peripherischen Hysterismen finden sich, außer den schon erwähnten am Ohr, am Auge, am Larynx und am Pharynx.

b) Auge.

NOTTA[97] berichtet über Fälle von hysterischer Amaurose, die an Neuralgien des Trigeminus gebunden waren. GILLETTE[103] erzählt von einer schweren Affektion der Hornhaut, welche hemianästhetische Störungen verursacht hatte.

Die Litteratur bietet uns verschiedene Beispiele der Verbindung von neurotischen Erscheinungen mit anatomischen, wenn auch unbedeutenden Läsionen des Auges: LASÈGUE[106], POTTER[113], RODER, citiert von PICK[129], LEBER[127] etc.

c) Larynx und Pharynx.

LASÈGUE[106] erzählt Fälle von Mädchen, welche Stummheit, Krämpfe des Larynx mit Aphonie, Husten infolge von Anginen und Laryngitiden aufwiesen.

STRÜMPELL[118] erwähnt ein Mädchen, welches durch eine Feuersbrunst plötzlich aus dem Schlaf geweckt und durch den Rauch fast erstickt worden war, und an hysterischer Lähmung der Stimmbänder erkrankte.

THAON[109] bemerkt, die Hysterie könne ganz auf den Larynx beschränkt sein, und dann wären im Larynx örtliche Ursachen vorhanden.

SCHNITZLER, ELSBERG und FRÄNKEL geben an, bei den Parästhesien des Pharynx und Larynx beständen örtliche, aber gewöhnlich unwichtige Symptome.

d) Nervensystem.

Die Verbindung der Hysterie mit Läsionen des centralen oder peripherischen Nervensystems ist besonders in den letzten Jahren studiert worden. CHARCOT[124] zeigte in einer seiner Vorlesungen, daß in solchen Fällen die Symptome der beiden Arten von Affektionen nicht miteinander verschmelzen, sondern eine wohl umschriebene Individualität bewahren. FELDMANN[114] möchte die hysterische Neurose als prädisponierendes Moment zur Entwickelung der organischen Affektion betrachten. Dagegen deutet, nach meiner Meinung, alles darauf hin, daß das Gegenteil der Fall ist. Man findet Beispiele der Verbindung der Hysterie mit

„Sclerosis disseminata" bei GRASSET[125], CHARCOT[124], FELDMANN[114], MICHEL und THIERCELIN[122], CHABBERT[132], SOUQUÉS[121]; mit alkoholischer Paralyse, Chorea, BASEDOW'scher Krankheit bei AURELLES DE PALADINES[116], mit chronischem Rheumatismus bei RAYMOND[115]; mit Syringomyelie, verschiedenen Myopathien, allgemeiner Paralyse bei KÖNIG[130] etc.

BABINSKY[131, 133] weist in einer wertvollen Monographie, gestützt auf neue klinische Beobachtungen, die häufige Verbindung hysterischer Symptome mit verschiedenen organischen Läsionen des Nervensystems nach.

Aehnliche Fälle werden von BERNHEIM (citiert bei BABINSKI) und FERRIER angeführt. Der erste Autor erklärt, in den Krankheiten des Nervensystems seien die funktionellen Störungen oft größer, als sich durch die Lokalisation und Ausdehnung der anatomischen Läsion erklären lasse; mittelst der Psychotherapie könne man ihren Dynamismus modifizieren.

Gestützt auf die hier mitgeteilten klinischen Thatsachen, sind wir also zu dem Schlusse berechtigt, daß die häufige Verbindung von hysterischen Gehörstörungen mit organischen Läsionen des Ohrs ihr vollkommenes Gegenstück findet in dem, was wir an anderen Organen (Auge, Larynx, Pharynx) und an dem Nervensystem im allgemeinen öfters beobachten.

Zahlreiche klinische Beobachtungen würden mich in den Stand setzen, diese These ausführlich zu illustrieren. Obgleich leichte funktionelle Störungen von deutlich hysteroidem Charakter auch bei nicht hysterischen Individuen *) ziemlich oft mehr oder minder schwere organische Läsionen des mittleren und inneren Ohrs begleiten, so wird doch besonders bei hysterischen Personen die Auflagerung neurotischer Erscheinungen über organische Läsionen offenbar.

2) Akustische Anästhesie durch Traumen (Hystero-Traumatismus).

Die akustische Anästhesie, welche infolge eines Traumas auftreten kann, bildet ein häufiges Symptom der traumatischen Neurosen, über die, besonders in den letzten Jahren, eine reiche Litteratur entstanden ist. Es ist hier nicht unsere Aufgabe, und der Raum würde es nicht erlauben, eine Uebersicht über die verschiedenen klinischen Formen zu geben,

*) Man denke hier an die plötzlichen Aenderungen des Hörvermögens bei Personen, die an Sklerose des Mittelohrs leiden, infolge psychischer Eindrücke, bei Frauen infolge der verschiedenen Perioden des Geschlechtslebens, Menstruation, Puerperium, Menopause. Ich habe bei gewissen Formen von Otitis media catarrhalis chronica bei jungen Frauen akustische Hypästhesie beobachtet, welche bisweilen die Menstruationsperioden begleitet und vorübergehend eine gefährliche Verbreitung des Krankheitsprozesses auf das Labyrinth vortäuschen kann.

welche diese Neurosen annehmen können. Wir wollen nur bemerken, daß die Ansicht CHARCOT's, der sie als der Hysterie analog betrachtet (Hystero-Traumatismus), von Tag zu Tag, wie man sagen kann, mehr Anhänger gewinnt. Die wichtigsten, solchen Affektionen gemeinschaftlichen Charaktere sind:

a) Das Trauma ist leicht und steht jedenfalls durch seine Intensität durchaus nicht im Verhältnis zu der Schwere der Symptome, welche der Kranke später aufweist.

b) Gewöhnlich kommt ein schweres, psychisches Moment hinzu, der Schreck, wegen der Gefahr, welche den Kranken bedrohte. In einigen Fällen kann das Trauma ganz fehlen, und dennoch entwickelt sich die sogenannte traumatische Neurose durch den Eindruck der vermiedenen Gefahr. Da der Schreck die wesentliche Ursache der hysterischen Symptome ist, welche nach den traumatischen Vorfällen auftreten, so sind diese äußerst selten nach sehr schweren Traumen beobachtet worden, bei denen die Betroffenen für lange Zeit das Bewußtsein verloren hatten; denn in solchen Fällen entgehen die Kranken allen jenen aufregenden Szenen, welche beim Verunglücken zahlreicher Personen, besonders bei Eisenbahnunfällen, noch stundenlang auf die Psyche einwirken können. In solchen Fällen verliert der Kranke das Bewußtsein, ehe er einen wirklichen Schrecken empfunden hat.

c) Die Symptome der traumatischen Neurosen entwickeln sich nicht unmittelbar nach dem Unglücksfalle, sondern erst nach einiger Zeit (nach einem oder mehreren Tagen, „psychische Inkubation") durch Wirkung einer Autosuggestion.

d) Endlich kann man oft an dem Kranken eine Anlage zu Phychosen und Neurosen nachweisen, bisweilen erblich, öfter aber erworben (Alkoholismus, Syphilis etc.)

Wie bei der Hysterie findet man auch bei den traumatischen Neurosen verschiedenartige Algien, Anästhesien der Haut und der Sinnesorgane und Störungen der Moilität. Charakteristisch für die Anästhesie ist es, daß sie sich auf derselben Seite des Körpers findet, wo die Läsion statthatte.

Was das Gehör anbetrifft, so beobachtet man die akustische Anästhesie allein oder in Verbindung mit anderen Anästhesien, besonders infolge von indirekten oder leichten Traumen, die auf eine Seite des Kopfes eingewirkt haben; die direkten Traumen, die durch den Gehörgang auf das Trommelfell und auf das Mittelohr gewirkt haben, oder die indirekten, aber heftigen, welche den Schädel getroffen haben, verursachen gewöhnlich einen größeren oder geringeren Grad von Taubheit durch organische Verletzungen des Gehörorgans. Man muß nicht vergessen, daß in diesem Falle zu den auf die organischen Läsionen zu beziehenden funktionellen Störungen sich auch Erscheinungen von neurotischer Art gesellen können, sodaß ein kompliziertes klinisches Bild entsteht. Da die Differentialdiagnose von großer prognostischer und therapeutischer Wichtigkeit ist, so wird es zweckmäßig sein, in einem anderen Teile dieser Arbeit hierauf zurückzukommen.

Einige Fälle von vorübergehender, infolge von leichten Traumen entstandener und zweifellos hysterischen Charakter tragender Taubheit finden sich, wie wir sehen werden, hier und da in der otologischen Litteratur zerstreut; aber da zu der Zeit, wo sie beschrieben wurden, der Begriff der Neurose noch nicht scharf bestimmt war, so konnten die sie beobachtenden Otologen nur unsichere oder falsche Deutungen davon geben, welche sich größtenteils auf die Annahme von Alterationen des Labyrinths oder der nervösen Gehörcentra stützten. Moos [213] spricht noch in einer neueren Arbeit von Hämorrhagien in der Schnecke oder im verlängerten Marke in der Nähe der Kerne des Hörnerven; Politzer [178] vermutet bei einem in seinem Lehrbuch erwähnten Falle eine Erschütterung des Labyrinths oder der Nervencentra. Schwartze [175] hatte bemerkt, daß in vielen Fällen von Trauma mit darauf folgenden Gehörstörungen Verminderung der Sensibilität der Haut des Gehörgangs und der Umgebung der Ohrmuschel eintrat.

Erst in den letzten Jahren hat das Studium der traumatischen Neurosen über den Gegenstand, der uns hier beschäftigt, besonderes Licht verbreitet. Schon Erichsen [169] hatte das Verdienst, zuerst die Aufmerksamkeit der Neuropathologen auf die nervösen Störungen zu lenken, die sich oft bei Personen finden, welche Zusammenstößen oder anderen Eisenbahnunfällen ausgesetzt gewesen sind (Railway-spine) und bemerkte, daß das Ohr auf verschiedene Weise betroffen sein kann. Westphal [172], Thomsen und Oppenheim [66, 180, 184], Hartmann [67], Knapp [179], Lyon [74] veröffentlichten später Fälle von mehr oder weniger vollständiger Taubheit infolge von Traumen.

Baginsky [181] untersuchte in otologischer Beziehung fünf solche Fälle, aber seine Resultate halten einer strengen Kritik nicht Stand, denn die von ihm zur funktionellen Prüfung des Ohres angewandten Methoden müssen als ungenügend zur Aufstellung einer Diagnose betrachtet werden, und andererseits glaubte er, die Angaben der allgemeinen nervösen Störungen ganz weglassen zu dürfen, an welche, wie wir wissen, oft die funktionellen Störungen des Gehörorgans gebunden sind.

Es wäre richtig gewesen, bei solchen Individuen zu unterscheiden:

a) funktionelle Störungen, von gewöhnlichen, chronischen, schon vor dem Trauma bestehenden Alterationen des Gehörorgans abhängend;

b) funktionelle Störungen, an organische Läsionen des Gehörorgans infolge des vorhergegangenen Traumas gebunden;

c) funktionelle Störungen (akustische Anästhesie oder Hypästhesie) in Verbindung mit anderen verschiedenartigen Anästhesien von hysterischem Charakter.

Wie verfährt nun der Autor und auf welche Thatsachen gründet er sein Urteil bei einem der schwierigsten Probleme, das die Otologie darbieten kann?

Er berichtet über die Resultate seiner Prüfung mit nur zwei Stimmgabeln, dem fis und dem c. Aber da er behauptet, daß seine Kranken, welche für die Flüsterstimme eine Gehörschärfe von 2—4 m hatten, dieses c auf dem Scheitel gar nicht wahrnahmen, und da nach meiner Erfahrung in allen Fällen, in denen die Flüsterstimme noch gehört wird (noch besser, wenn sie noch über 1 m weit gehört wird), das c (128 VS) auf dem Scheitel immer wahrgenommen wird, mag es sich um einen Mangel des Perceptionsapparates oder des Transmissionsapparates handeln — so muß man annehmen, daß die als c bezeichnete Stimmgabel des Autors vielmehr dem c^1 entsprach (256 VS), für welches allerdings die Perception auf dem Scheitel bei funktionellen, auf den Perceptionsapparat zu beziehenden Defekten oft fehlt. Aus diesen Betrachtungen geht hervor, daß der Autor die Prüfung mit einer Stimmgabel von hohem und einer von mittlerem Ton vorgenommen hätte, nicht mit einer von tiefem Ton (von der großen Oktave), welche gerade nötig gewesen wäre, um die Läsionen des Transmissionsapparates zu untersuchen. Unter solchen Umständen haben die Resultate der Experimente von Rinne keinen Wert, denn es ist bekannt, daß auch bei einschließlichen Affektionen des Mittelohres und mit einer Hörschärfe von mehr als 1 m für die Flüsterstimme Rinne auch für C (64 VS) positiv ausfällt: um wie viel mehr also für c^1! Und wirklich hat der Autor Rinne in allen Fällen positiv gefunden, selbst in Fall III, wo eine große, am Promontorium festhaltende Narbe des Trommelfelles vorhanden war, als schwere Folge einer eiterigen Otitis media.

Bei vier von den fünf Kranken werden Alterationen des Trommelfelles angeführt, welche das Vorhandensein von chronischen, katarrhalischen Affektionen des Mittelohres bezeugten, von jenen Affektionen, welche sich leicht auf das innere Ohr ausbreiten. Wenn man bedenkt, daß es sich um Leute handelte, die seit Jahren das Geschäft von Maschinisten oder Eisenbahnangestellten betrieben und über 40 Jahre alt waren, scheint dieses Vorkommnis natürlich. Worauf stützt sich nun der Autor, um zu beweisen, daß jene geringe Abnahme des Gehörs (bei vier Personen schwankte das Gehör für die Flüsterstimme zwischen 2 und 4 m, nur bei dem fünften, einem Manne von 56 Jahren, war es unter 1 m) von dem vorhergegangenen Trauma und nicht von der chronischen Affektion des mittleren und inneren Ohres abhing? Wie es oft geschieht, waren diese Individuen so an ihre Harthörigkeit gewöhnt, und der funktionelle Defekt hatte die Aufmerksamkeit der Kranken so wenig auf sich gezogen, daß sie, darüber befragt, bisweilen nur Störungen in dem einen Ohr angaben, während die Prüfung bewies, daß der Defekt der Hörschärfe auf beiden Seiten beinahe gleich war!

Wie es nun Baginsky nicht gelingt, nachzuweisen, daß die Abnahme des Gehöres in seinen Fällen nicht von chronischen, vor dem Trauma vorhandenen Affektionen des Ohres abhing, so überzeugt er uns noch weniger davon, daß es sich nicht um hysterische Anästhesie, sondern um eine von dem Trauma herzuleitende organische Affektion des Hörnerven handelte.

Er schließt hysterische Anästhesie aus, hauptsächlich weil keine Schwankungen des Hörvermögens vorlagen (man bemerke, daß einige seiner Kranken nur einmal von ihm untersucht wurden): er hätte in den einzelnen Fällen nachforschen sollen, ob Anästhesie der Haut oder anderer Sinnesorgane vorhanden waren.

Der unerwartete Schluß, zu dem Baginsky gelangt, es habe sich in seinen Fällen um eine organische Affektion des Acusticus infolge von durch das Trauma hervorgebrachten Degenerationsprozessen gehandelt, wird also durch seine Untersuchungen durchaus nicht gerechtfertigt, deren Resultate als ungenügend zur Bildung eines genauen diagnostischen Urteils zu betrachten sind.

Die auf Traumen folgenden Taubheiten kann man in zwei Abteilungen unterbringen:

a) diejenigen, welche, wie bei Hysterie, eines der Symptome der sensitiv-sensoriellen Anästhesie ausmachen;

b) diejenigen, welche im Krankheitsbilde das hauptsächliche, bisweilen einzige Phänomen der Hysterie darstellen und an specielle Zustände des Traumas und des Ohres gebunden sind.

a) Taubheit durch Trauma, als Symptom der sensitiv-sensoriellen Anästhesie.

Die Häufigkeit der Hemianästhesie unter den Erscheinungen des Hystero-Traumatismus wurde schon erwähnt; sie unterscheidet sich in ihren wesentlichen Charakteren nicht von der Hemianästhesie bei Hysterie.

Wir wollen einige der vielen in der Litteratur zu findenden Fälle angeben.

Fälle von mehr oder weniger schwerer Taubheit werden unter den Erscheinungen der hystero-traumatischen Hemianästhesie unter anderen angeführt von Thomsen und Oppenheim [66], Hartmann [67], Lyon [74], Auerbach [185], Bermann [192], Gebert, Krafft-Ebing. In den von Catsaras [186] beschriebenen Fällen handelt es sich um eine besondere Form des Traumatismus, hervorgebracht durch atmosphärische Kompression und Dekompression.

In einem von mir beobachteten Falle bestand vollständige rechtsseitige Taubheit, mit sensitiv-sensorieller Hemianästhesie verbunden, die nach schwerem Traumatismus erschienen war.

b) Taubheit, an besondere Zustände des Traumas und des Ohres gebunden.

ITARD[167] führt einige Fälle an; auch URBANTSCHITSCH, DELIE[176] und BADAL[182] bringen einige hierher gehörende Beobachtungen. Es handelt sich um Knaben, die infolge von unbedeutenden Kopfverletzungen plötzlich taub geworden sind. Ueber einen Fall von POLITZER wird eingehender berichtet:

POLITZER[178]: 21-jähriger Mann aus Aleppo. Vor 11 Monaten stieß er sich beim Durchgang durch eine niedrige Thür heftig an den Kopf und fiel besinnungslos nieder. Rückkehr des Bewußtseins erst nach einigen Stunden. Kopfschmerz, Schwindel, Taubheit; letztere wurde am Ende der 4. Woche vollständig.

Zehn Monate lang blieb der Zustand unverändert: otoskopischer Befund negativ. Man stellte die Diagnose „traumatische Erschütterung des Labyrinths“, und wegen der langen Dauer des Leidens war die Prognose ungünstig. Die Behandlung bestand in endotympanalen Injektionen von Jodkalium, 0,05 auf 20. Am 3. Tage wurden rechts einige Worte gehört. Bis zum 20. Tage war die Besserung ziemlich langsam, und dann erschien Kopfschmerz, der den Kranken zwang, 3 Tage im Bett zu liegen. In der Nacht des 23. Tages erwachte er plötzlich aus dem Schlaf mit einem starken Schwindelanfall und unter dem Eindruck einer starken Erschütterung: das Gehör war plötzlich wiedergekehrt, sodaß der Kranke den Schlag seiner entfernt liegenden Taschenuhr wahrnahm. Freudig überrascht, eilte er, einen im Nebenzimmer schlafenden Freund zu wecken, und dieser konnte die Richtigkeit seiner Behauptung bestätigen.

Am folgenden Tage fand POLITZER normales Gehör, sowohl für die Uhr als für die Flüsterstimme. POLITZER erkennt in diesem Falle an, daß die Heilung zufällig war, und kann nicht entscheiden, ob eine Erschütterung des Labyrinths oder der centralen Teile vorlag. Aber alles drängt zu der Annahme, daß es sich um eine hysterische Erscheinung handelte.

Zu den hier beschriebenen, einander sehr ähnlichen Fällen von plötzlicher, durch unbedeutende Traumen hervorgerufener hysterischer Taubheit bilden andere Fälle ein vollkommenes Gegenstück, in denen nach dem Trauma nicht Taubheit, sondern Blindheit eintrat.

VALSALVA spricht von einer Frau, welche einen Hahn streichelte und dabei einen Schnabelhieb in die Augenbraue erhielt: sie wurde blind. MORGAGNI (Brief XIII, 5) führt einen ähnlichen Fall an. LANDOUZY (cit. von BRIQUET[168], WECKER und LANDOLT[177], LUNZ[183], PARINAUD und BAQUIS[193] berichten über Personen, meistens Mädchen, welche infolge leichter Traumen in der Nähe des Auges oder auch an anderen Teilen des Kopfes blind wurden.

Zwei Fälle von schwerer, infolge von Traumen entstandener Taubheit verdienen besondere Erwähnung, weil, gestützt auf die sich zum Teil widersprechenden Resultate der funktionellen Untersuchung des Ohres, die betreffenden Autoren beweisen zu können glaubten, daß das WEBER'sche Experiment nicht den Wert habe, den man ihm allgemein zuschreibt.

Der eine gehört JACOBSON[174], aber es ist zweifelhaft, ob er zu der Kategorie der Taubheit durch Hystero-Traumatismus gehört; der andere ist von KRZYWICKI[191] und bietet ein typisches, aber kompliziertes Beispiel von organischer Läsion des Mittelohres dar. Wir werden auf diese Fälle bei Gelegenheit des WEBER'schen Versuches zurückkommen.

Zu der Kategorie der Taubheit durch Hystero-Traumatismus gehört ein von mir beobachteter Fall, wohl der einzige in der Litteratur, bei welchem schmerzhafte Hyperakusie mit akustischer Hypästhesie und Otalgie infolge eines sehr leichten Traumas am Gehörgang bei einer durch ein vorhergegangenes Trauma der Brust prädisponierten Person aufgetreten war.

Die Pathogenese der Taubheit muß man in den Fällen von BONAFFONT[29] als unsicher betrachten. Es handelt sich um einen Unteroffizier, der beim Platzen einer Bombe in seiner Nähe taub geworden war. Dasselbe gilt von den Fällen des FABRICIUS HILDANUS, betreffend eine Frau und einen Mann von 35 Jahren, die infolge des Einnehmens eines Brechmittels taub wurden, sowie von dem von ROOSA und ELY[173] von einer 42-jährigen Frau, der ein Kuß auf das Ohr schwere Taubheit und schmerzhafte Hyperakusie einbrachte.

Der Blitzschlag bildet einen eigentümlichen Traumatismus, der entweder direkt nervöse Zufälle, besonders Paralyse, oder indirekt Auftreten von nervösen Störungen hervorruft, welche ins Bereich der Hysterie gehören. Im Auge kann das Aufleuchten des Blitzes organische Läsionen der Krystalllinse und der Retina verursachen.

OXLEY[170], SAPOLINI[171], FREUND und KAYSER[189], PUTMAN[188], LAVERAND[187] erzählten Fälle von mehr oder weniger schwerer hysterischer Taubheit, welche zugleich mit anderen Erscheinungen durch den Blitz verursacht worden waren.

3) Hysterische Schwächung oder Aufhebung des Gehörs durch Intoxikation, Typhus etc.

Wie starke psychische Eindrücke und Traumen, so können auch erschöpfende allgemeine Krankheiten und akute Intoxikationen die Entwickelung hysterischer Neurosen bei prädisponierten Personen hervorrufen.

Unter den Infektionskrankheiten ist der Typhus diejenige, welche vorzugsweise Störungen im Nervensystem verursacht. KRAEPELIN[201] erwähnt die Häufigkeit der Delirien und der psychischen Alterationen. COURTADE[204] bemerkt, daß die Paralysen bei Typhus der Häufigkeit nach sogleich auf die bei Diphtheritis folgen. BRIQUET[194] erwähnt zwar nicht das Trauma bei seiner langen Aufzählung der Ursachen, welche die Entwickelung der Hysterie bedingen können *), erkennt aber

*) Vielleicht rechnet BRIQUET das Trauma zu den Mißhandlungen in der Jugend, denen er, als Ursache der Hysterie, besondere Wichtigkeit beilegt.

an, daß schwere Fieber eine Ursache zur Entwickelung von Neurosen abgeben, und unter diesen besonders der Typhus. BRIQUET hat 10 Fälle gesammelt, in denen junge Mädchen, die vorher niemals hysterische Zufälle gehabt hatten, während der Genesung vom typhösen Fieber infolge der geringsten Gelegenheitsursachen und bisweilen anscheinend ohne solche von Neurosen ergriffen wurden. JOLLY [18] und ROSENTHAL [12] erzählen ähnliche Fälle. Es ist jedoch zweckmäßig, hier zu bemerken, daß die Sensibilitäts- und Motilitätsstörungen, welche im Verlauf oder in der Genesung vom Typhus auftreten, bisweilen an Alterationen organischer Natur der Nervencentra gebunden sind, so daß man vorsichtig sein muß, ehe man die Diagnose „Hysterie" stellt *). Dies gilt auch für das Gehörorgan, welches im Typhus zum Sitz verschiedenartiger Komplikationen werden kann (katarrhalische und eiterige Otitis media, Otitis interna). Im Vergleich mit diesen Komplikationen muß man die echte akustische Anästhesie ziemlich selten nennen. In der That erwähnen weder BÖKE [209] noch HAUG [214], die sich ausführlich mit den Alterationen des Ohres bei Typhus beschäftigen, nichts von dieser Anästhesie, und BEZOLD [203] berichtet in einer längeren Monographie über diesen Gegenstand über einen einzigen Fall bei einem 19-jährigen Mädchen, bei welchem sich während der Genesung zu schweren eiterigen Läsionen des Mittelohres sehr wahrscheinlich hysterische akustische Hypästhesie gesellt hatte. ITARD erwähnt das Vorkommen von Taubheiten, welche nach infektiösen Fiebern auftreten und bisweilen in der Genesung von selbst verschwinden. MIOT [28] zählt unter den Ursachen der nervösen Taubheit auch das typhöse Fieber auf; TRÖLTSCH [32] deutet auf mehr oder weniger schwere, vorübergehende Taubheiten mit negativem Befund hin, welche in der Rekonvalescenz vom Typhus auftreten, erwähnt aber die positiven Sektionsbefunde von SCHWARTZE [195] und MOOS [202]. MOOS [213] sagt in dem kürzlich erschienenen Handbuch SCHWARTZE's, nach den übereinstimmenden Beobachtungen der Kliniker und der Ohrenärzte könne man annehmen, daß im Abdominaltyphus die Störungen der Gehörfunktion oft nicht an anatomische Alterationen gebunden sind. Zu ihrer Erklärung ruft er mit SCHWARTZE, HOFFMANN [196] und BEZOLD Gefäßmodifikationen der Nervencentra, eigentümliche Alterationen der Blutmischung etc. an.

---

*) GUBLER, cit. von COURTADE [204], unterschied zwei Arten von Typhusparalyse; die einere, seltenere, mit anatomischem Substrat, die andere ohne anatomische Alterationen (diffuse, asthenische Paralyse). TROUSSEAU erzählt einen Fall von hysterischer Paralyse während der Genesung vom Typhus. Die Diagnose solcher Formen bietet große Schwierigkeiten dar; die Hysterie ist nicht immer von dem Symptomenkomplex begleitet, der sie leicht kenntlich macht; ferner kann sie sich mit organischen Läsionen verbinden.

Fälle von ROSENTHAL [12], von BEZOLD [203] und von SZENES [210] von akustischen Anästhesien infolge von Typhus gehören offenbar zu dem Krankheitsbilde der Hysterie.

Ich selbst hatte Gelegenheit, einen Fall dieser Art zu beobachten.

11-jähriger Knabe. Während der Genesung vom Typhus bildete sich langsam, ohne Schmerz, ohne Schwindel und unter leichten Geräuschen in den Ohren eine vollständige, beiderseitige Taubheit aus, mit negativem Befund. Heilung schnell, in wenig Tagen. Es fanden sich bei dem Kinde keine deutlichen hysterischen Stigmata.

Ein Gegenstück zu den hysterischen Taubheiten bei Typhus bilden die vorübergehenden Amblyopien und Amaurosen (WECKER und LANDOLT [208]), die Aphasien (GALLIO [197]), der Mutismus (BAUDELOCQUE, BABINSKI und BERBEZ [cit. [231]]), deren Auftreten bisweilen in der Genesung von dieser Krankheit angegeben wird.

Außer dem Typhus rufen auch andere Infektionskrankheiten (Pneumonie, Syphilis etc.), wenn auch seltener, die Entwickelung von Neurosen hervor. Bei einer von mir beobachteten Kranken zeigten sich typische hysterische Erscheinungen zum ersten Mal nach einem schweren Anfall von Influenza *).

Unter den Intoxikationen ist es vorzüglich die Bleivergiftung, welche sich bisweilen mit hysterischen Störungen verbindet, oft in Gestalt von sensitiv-sensorieller Hemianästhesie (HANOT und MATHIEU [200], RENAULT [198], POTAIN [206], [207], DESBROSSE [51], SOUQUES [211]); seltener die durch Quecksilber (LETULLE [205], JEAN [199]) **).

b) Hysterische Taubstummheit.

Unter den hysterischen Erscheinungen am Ohr verdient die akustische Anästhesie, welche von Stummheit begleitet ist, eine besondere Stelle, obgleich sie sich nicht durch besondere Eigentümlichkeiten auszeichnet. Die hysterische Taubstummheit bildet in der That ein gut bestimmtes klinisches Bild, dessen Studium ein gewisses Interesse darbietet.

Obgleich auch in den neuesten und vollständigsten Monographien, welche sich mit der Taubstummheit in otologischer Hinsicht beschäftigen (wir erinnern an die von LANNOIS und MYGIND), die vorübergehende hysterische Taubstummheit nicht erwähnt wird, finden wir doch einige Fälle davon selbst in der alten medizinischen Litteratur aufgezeichnet. So erzählt HERODOT von Halikarnassus in seiner Ge-

*) Ein infolge von Influenza aufgetretener Fall von Hysterie wird auch von GRASSET [212] erzählt. BARTH beobachtete einen Fall von vorübergehender schwerer Taubheit bei einem Kinde infolge von Diphtheritis (mündliche Mitteilung) vielleicht von hysterischer Natur.

**) Ein Fall von Taubheit infolge von Vergiftung durch Kohlenoxyd wurde mitgeteilt von KAYSER in der otologischen Abteilung der Naturforscherversammlung zu Nürnberg (September 1893); wegen ungenügender Einzelnheiten ist die Deutung schwierig.

schichte das wunderbare Ereignis, daß ein stummer (und tauber?) Sohn des Krösus beim Anblick eines Mörders, der seinen Vater bedrohte, die Sprache wiederfand. MERCURIALE (cit. von BETTI[221]) erzählt, Maximilian, der taubstumme Sohn des Kaisers Heinrich III., habe in seinem sechsten Jahre die Sprache wiedergefunden und sei später ein eleganter Redner geworden. VAN DER WIEL[216] berichtet über einen Bauern, der 2 Jahre lang taub und 15 Jahre lang stumm war; sowohl das Gehör als die Stimme kehrten ihm zurück.

Sehr interessant ist in vieler Hinsicht die Monographie von BETTI[221] „Ueber eine angebliche augenblickliche Heilung von angeborener Taubstummheit“. Es handelt sich um ein taubstummes Mädchen von 16 Jahren, welches, während es im Dom von Arezzo betete, plötzlich ausrief, es habe Gehör und Sprache wiederbekommen, und anfing, geläufig zu sprechen. Sie versicherte, von Geburt an taubstumm gewesen zu sein; ihre Zunge sei am Boden des Mundes befestigt gewesen. BETTI nahm Kenntnis von dem Falle und bewies durch eine Reihe schlagender Gründe mit feinster Dialektik, die Kranke könne nicht, wie sie angab, von Geburt an taub gewesen sein; er nimmt vorübergehende Taubstummheit an und citiert einige ähnliche Fälle aus der Litteratur. Leider finden sich unter den theoretischen Ausführungen keine genauen Angaben über den körperlichen Zustand der jungen Kranken; es wird nur flüchtig erwähnt, sie fühle keinen Schmerz (sehr heißes, auf ihre Wange gespritztes Wasser rief keine Reaktion hervor) und leide an Krämpfen, besonders bei Gelegenheit der Menstruation. Dies ist mehr als hinreichend, um uns Hysterie annehmen zu lassen, und auch die Simulation des Angeborenseins des Uebels gehört zu den Symptomen der Hysterie.

Aber erst in der letzten Zeit sind vollständige Beobachtungen von hysterischer Taubstummheit veröffentlicht worden.

LITTRÉ[215] teilt einen Fall von hysterisch-traumatischer Taubstummheit mit; SCHLOSSER[222], UCKERMANN[230] (Beob. II) berichten über solche bei Helminthiasis. Andere Fälle werden mitgeteilt von BALL[223] (Beob. II und IV), von UCKERMANN (Beob. I), von REVILLOT[224] (Beob. II), von CARTAZ[225] (Beob. VI), von OSEREZKOWSKY[226], von ORTOLANI[229], von FARGE. Ein Fall von MENDEL[227] ist wegen der Periodicität der Anfälle von Taubstummheit merkwürdig, welche jeden Morgen um 9 Uhr anfingen und am folgenden Tage um 6 Uhr endigten.

Ein ähnlicher Fall von periodischer Blindheit wird von HEINEMANN erzählt.

CARTAZ[250] berichtet über ein Mädchen, welches infolge einer Ohrfeige plötzlich taubstumm wurde, RANSOM[257] über einen Knaben, der sich vollkommen gesund zu Bett legte und taubstumm erwachte; Faradisation des Pharynx ließ zugleich die Stimme und das Gehör wiedererscheinen. Einen ganz ähnlichen Fall beobachtete ich an einem 15-jährigen Knaben, der nach einem nächtlichen hysterischen Anfalle plötzlich taubstumm geworden war; die Galvanisation des Ohres ließ bald das Gehör und die Sprache wiedererscheinen. Eine weitere Beobachtung von hysterischer Taubstummheit wurde von LEMOINE [251] publiziert.

Die Taubheit kann, wie wir sahen, in der Hysterie von Stummheit begleitet sein oder mit ihr abwechseln, andere Male mit Stottern oder Aphonie. Es giebt jedoch Fälle, und sie sind häufiger als jene, wo die Stummheit allein auftritt*). FERNET (cit. [221]), LUSITANO [218], SCHENK (cit. [221]), RUBEO [221], HALLER [221] berichten über Beispiele von periodischer Stummheit, bisweilen bei Frauen in Verbindung mit Menstrualstörungen. In den Philosoph. Transactions [217] für 1748 findet sich die Geschichte eines Mannes, der nach vierjähriger Stummheit durch einen Schreck plötzlich die Sprache wiederfand. Interessant als Beispiel von Hystero-Traumatismus ist ein Fall von SCHEID, erzählt von HALLER [221], eine Frau von 45 Jahren betreffend (also in der Zeit der Menopause), welche fast plötzlich die Sprache verlor, weil ihr eine Kastanie auf den Kopf gefallen war, und sie nach 5 Jahren ebenso plötzlich wiederfand. Dieser Fall von Stummheit ist seiner Entstehungsart nach ähnlich den von ITARD und URBANTSCHITSCH mitgeteilten von akustischer, durch leichte Kopfverletzung verursachter Anästhesie.

MACARIO [219] erzählt in seiner wertvollen Monographie über hysterische Paralysen von einer Frau mit schweren nervösen Störungen, welche die verschiedenartigsten Alterationen der Sinne und der Bewegung zeigte: bald Stummheit, bald Blindheit, bald Taubheit, bald allgemeine Hautanästhesie; und diese Phänomene erschienen gleichzeitig oder abwechselnd. In einem zweiten Falle, eine hysterische Frau von 38 Jahren betreffend, ist die Entstehungsweise der Stummheit bemerkenswert. Eines Nachts, während der Menstrualperiode, träumte die Kranke, sie spräche zu einem Manne, der ihr nicht antworten konnte, weil er stumm war. Sie erwachte ebenfalls stumm und erlangte die Sprache erst nach und nach binnen 2 Tagen wieder. In der letzten Zeit sind viele Fälle von hysterischer Stummheit beschrieben worden. CARTAZ [225] sammelte deren im Jahre 1886 20 (darunter 2 von Taubstummheit). Er nennt als fast charakteristische Zeichen die plötzliche Entstehung, die vollkommene Erhaltung der Intelligenz (im Gegensatz zu dem, was man bei Stummheit aus organischen Ursachen beobachtet) und die bald schnelle, bald langsame Rückkehr der Sprache, welcher im letzteren Falle bisweilen einige Zeit lang Stottern vorausgeht.

Er überzeugte sich, daß Anästhesie des Pharynx und der Epiglottis Symptome der Hysterie im allgemeinen, aber nicht der Stummheit

*) Unter den von NATIER [231] gesammelten 71 Fällen von Stummheit ist diese in 5 (7 Proz.) von vollständiger Taubheit begleitet.

eigentümlich sind, und daß nicht immer funktionelle Impotenz der Muskeln des Larynx vorliegt. NATIER konnte in einer im Jahre 1888 geschriebenen, ausführlichen Monographie in der Litteratur 71 Fälle von hysterischer Stummheit zusammenbringen und bemerkte, wie CARTAZ, daß in einigen Fällen die Glottis vollkommen beweglich, in anderen unbeweglich ist. Wir werden später sehen, daß diese Verschiedenheit des Verhaltens sich bei den Bewegungen der Iris bei Amaurose und bei eigentümlichen funktionellen Zeichen in der hysterischen Taubheit wiederholt. LEUCH [234] bestätigte die Angabe, daß bei Stummheit nicht immer Anästhesie des Pharynx und der Epiglottis vorhanden ist. In den letzten Jahren wurden weitere Fälle veröffentlicht, unter anderen von FICANO [233], [241], REGNERY [242], BAUMGARTEN [246], NATIER [245], TROISIER und RAYMOND [244], BACH [243], DUTIL [228], COURMONT [237], CRITZMANN [238], LÉPINE [239], MÖBIUS [240], LADAME, FERRERI, CORADESCHI [249], ONODI [248] u. s. w.*). Erwähnenswert ist ein Fall von CHARASAC [235], von einem 18-jährigen Mädchen handelnd, das durch den beim Verschlucken einer Nadel empfangenen Eindruck plötzlich stumm wurde (?), und ein anderer von SUAREZ DE MENDOZA [236] von einer Frau, welche in der Glottis einen Kirschenstein zu haben glaubte und stumm wurde. Sie genas erst nach Vortäuschung einer Operation, infolge deren der Arzt der Kranken zwischen den Schenkeln einer Schlundzange ein Stück von einem Kirschkern zeigen konnte, das vorher zurechtgelegt worden war. Bei diesen letzten beiden Beispielen hatte sich also das traumatische Element zur Hervorbringung der Stummheit mit dem psychischen verbunden. KOCH bemerkt, daß oft der Larynx ganz unverletzt ist, und daß solche Kranke oft den Mangel der Sprache übertreiben, indem sie sich auffallende Mühe geben, sich durch Gesten und Geschriebenes bemerklich zu machen.

Ich hatte Gelegenheit, bei einem 22-jährigen Manne einen Fall von hysterischem Stottern zu beobachten, der sich infolge eines schweren Seelenschmerzes (des Todes seiner Mutter) entwickelt hatte.

Einen Fall von hysterischer Stummheit, auffallend durch seine kurze Dauer, sah ich kürzlich bei einem 26-jährigen Mädchen, welches verschiedenartige psychische Störungen zeigte (Melancholie. Reizbarkeit) und sehr deutliche neurotische Stigmata aufwies. Die Kranke wurde eines Nachts infolge der Einnahme einer schwachen Dosis von Chloralose, die ihr ein Kollege zur Beruhigung verordnet hatte, plötzlich von vollständiger Stummheit ergriffen, welche gegen 3 Stunden anhielt, mit Präcordialangst, als wollte sie ohnmächtig werden.

Ueber einen Fall von Stummheit, der sich bei einem Soldaten infolge eines schweren Ohrenleidens (Otitis media acuta) entwickelt hatte

*) Fälle von Stummheit wurden ferner veröffentlicht von TRIFILETTI [252], WIEDEMEIER [253], GIOFFREDI [254], NICHELSON [255], LANGNER [256].

und mir von Dr. TURINA freundlich mitgeteilt wurde, wird später in dem Kapitel über die hysterogenen Zonen des Ohrs die Rede sein.

Charaktere der akustischen Anästhesie bei Hysterie.

Wir haben eine Uebersicht über die verschiedenen Formen der Hyp- und Anästhesie bei Hysterie geliefert, mag sie nun an allgemeine Hemianästhesie gebunden sein oder von organischen Alterationen des Ohrs abhängen. Es wird zweckmäßig sein, jetzt die hauptsächlichsten klinischen Charaktere dieser Affektion zu untersuchen.

Funktionelle Charaktere. Diese kann man am besten studieren, wenn die Wahrnehmung der Töne nicht ganz aufgehoben, sondern nur bis zu einem gewissen Grade abgeschwächt ist.

Einteilung der akustischen Hypästhesie nach den verschiedenen Tönen der musikalischen Tonleiter. — Es ist bekannt, daß man bei den Affektionen des Transmissionsapparates der Töne (äußeres und mittleres Ohr) vorwiegend Abnahme des Gehörs für die tiefen Töne beobachtet, was davon herrührt, daß der Transmissionsapparat gerade auf die tiefen Töne den stärksten Einfluß ausübt. Andererseits fehlen bei Affektionen des Labyrinths vorzüglich die hohen Töne, ziemlich wahrscheinlich darum, weil das am häufigsten erkrankende Segment des Labyrinths dasjenige ist, welches der Wahrnehmung dieser Töne entspricht (Anfangsteil des Gyrus basilaris der Schnecke). Endlich machen mir einige meiner eigenen, durch anatomisch-pathologische Untersuchungen unterstützten klinischen Beobachtungen die Annahme wahrscheinlich, daß wenigstens in einigen Fällen von Läsion des Hörnerven der funktionelle Defekt vorwiegend die mittleren Töne der Skala betrifft.

Wie verhält sich in Bezug auf die verschiedenen Töne der Gehörsdefekt bei akustischer Hypästhesie?

Die Neuropathologen, die sich mit diesem Gegenstande beschäftigt haben, geben keine Andeutung über die funktionellen Zeichen der hysterischen Taubheiten; nur BRIQUET stellt diese Taubheit neben die durch den Gebrauch von Chinin verursachte, er legt ihr also irrigerweise die Charaktere einer labyrinthären Taubheit bei.

Unter den Otologen bemerken POLITZER [53] und URBANTSCHITSCH [61] nur, daß die hysterische Hypästhesie auf den Perceptionsapparat der Töne zu beziehen sei. Als dieser letztere Autor an einer seiner Kranken die Erscheinungen des akustischen Transfert studierte, bemerkte er, daß im Augenblick des Wiedererscheinens des Gehörs auf der anästhetischen Seite zuerst nur die hohen Töne gehört wurden und dann erst die tiefen. LICHTWITZ scheint keine Untersuchungen mit einer tieferen Stimmgabel gemacht zu haben, als mit c^2, daher muß man seine Resultate über das Hören der verschiedenen Töne als unvollständig betrachten, wie wir angegeben haben. Bei zweien seiner Fälle giebt LICHTWITZ vorwiegende Abschwächung für die höchsten Töne an (Pfeife von GALTON). Auch den Resultaten von BAGINSKY[181], der nur mit zwei Stimmgabeln experimentierte, von denen die tiefste c^1 war, kann man aus den oben angeführten Gründen (S. 390) keinen großen Wert beilegen.

Aus der Prüfung unserer Fälle folgt, daß in deren Mehrzahl die vorhandene Abnahme der Hörschärfe ungefähr gleichmäßig auf die verschiedenen Töne verteilt ist.

Die vorwiegende Abnahme der Perception für tiefe Töne, die wir in einigen Fällen antrafen, hing von zugleich bestehenden Läsionen des Transmissionsapparates ab. Er giebt jedoch Fälle von schwerer Taubheit hysterischen Charakters, bei denen man vollkommenes Fehlen der Luftperception für die tiefen Töne der Stimmgabel (C und c) findet, trotz vollkommener Integrität des Transmissionsapparates. Um solche Fälle richtig zu erklären, muß man. nach unserer Ansicht, sich vergegenwärtigen, daß jede Stimmgabel einen Ton nicht nur von bestimmter Tonhöhe, sondern auch von bestimmter Anfangsstärke giebt, und daß diese Anfangsstärke, oder das Maximum des Tons, bei einer tiefen Stimmgabel viel geringer ist als bei einer hohen. Daraus folgt, daß beim Vorhandensein einer gleichmäßigen, bedeutenden Abschwächung der akustischen Sensibilität die tiefen Töne zuerst aus dem Bereich der Gehörswahrnehmung verschwinden werden; das Verschwinden des Gehörs für diese Töne hängt also nicht von der Tonhöhe, sondern von ihrer Anfangsstärke ab. Und in der That, wenn das Experiment mit denselben Tönen, hervorgebracht durch Instrumente, wiederholt wird, die ebenfalls fast frei von harmonischen Tönen, aber mit großer Intensität begabt sind, z. B. mit geschlossenen Orgelpfeifen, so erkennt man, daß in unseren Fällen die Perception vorhanden, auch wenn sie für die Töne der Stimmgabel aufgehoben ist. Auf diese Weise erklären sich die Resultate von URBANTSCHITSCH, welcher beim Studium des Transfert bemerkte, daß hohe Töne früher wahrgenommen werden als tiefe. Wenn ein gradweises, aber gleichmäßiges Wiedererscheinen der akustischen Erregbarkeit für alle Töne eintrat, so rührte die bessere Wahrnehmung der hohen Töne im Vergleich mit den tiefen von der größeren Anfangsstärke her, welche die ersteren besitzen, wenn sie von der Stimmgabel hervorgebracht werden. Wenn man immer die Intensität berücksichtigt, erklärt sich auch die von LICHTWITZ angegebene Erscheinung, welche scheinbar den Resultaten von URBANTSCHITSCH widerspricht, daß nämlich in einem seiner Fälle die Perception einiger Töne der GALTON'schen Pfeife aufgehoben war.

Eine andere Ursache, welche die Resultate der funktionellen Untersuchung mit der Stimmgabel abändern kann, ist im Ckarakter der akustischen Hypästhesie selbst zu suchen, welche, wie wir später sehen werden, eine Art funktionellen Torpors darstellt, der sich durch den Einfluß verschiedener Reize ändern kann, und von diesen stehen in erster Reihe die akustischen. Wenn, wie bei der funktionellen Prüfung, Töne von verschiedener Stärke und Höhe nacheinander einige Zeit lang auf das hypästhetische Ohr eingewirkt haben, so geschieht es oft, daß der Gehördefekt nach und nach geringer wird, so daß die Töne der zuletzt angewendeten Stimmgabeln besser wahrgenommen werden als die der ersten. Wenn man dann die Untersuchung mit diesen wieder aufnimmt, bemerkt man, daß die Perception auch für Töne wieder erschienen ist, die anfangs schlecht wahrgenommen wurden.

Gestützt auf die vorgetragenen Betrachtungen, können wir schließen, daß die akustische Hypästhesie bei Hysterie charakterisiert wird durch eine gleichmäßig über die musikalische Tonleiter verteilte Abschwächung der Wahrnehmung der Töne. Es handelt sich um eine Verminderung der funktionellen akustischen Erregbarkeit, die bis zur vollkommenen Aufhebung gehen kann.

Dieser Charakter ist auch anderen Formen der Anästhesie gemeinsam, die man bei Hysterie antrifft; ich erinnere hier daran, daß man auch die Verkleinerung des Gesichtsfeldes als das Resultat einer gleichmäßigen Verminderung der funktionellen Erregbarkeit betrachten kann.

Experiment von Weber (D. V.)*).

In Bezug auf das Verhalten der akustischen Hypästhesie bei dem Experimente von Weber trifft man in der Praxis zwei Modalitäten an, je nach dem Charakter dieser Anästhesie. Wenn sie in hohem Grade vorhanden und von peripherischem Charakter ist, wird das D. V. vorwiegend auf der gesunden oder weniger geschädigten Seite wahrgenommen, wie bei den organischen Affektionen des Perceptionsapparates. Wenn dagegen die Hypästhesie geringer und von vorzugsweise psychischem Charakter ist, kann das D. V. entweder nicht lateralisiert werden, trotz der Einseitigkeit des Hördefekts, oder es wird auf das schlimmere Ohr lateralisiert, wenn in diesem außer der hysterischen Hypästhesie, wie es häufig der Fall ist, auch eine Läsion des Transmissionsapparates des Tones vorhanden ist. Wir bemerken im Vorübergehen, indem wir uns vorbehalten, später auf den Gegenstand zurückzukommen, daß auch die hysterischen Symptome am Auge und am

*) D. V. = Diapason vortex = Stimmgabel vom Scheitel aus.

Larynx ein doppeltes funktionelles Verhalten erkennen lassen, wie man es beim Gehörorgan beobachtet.

Ich bin überzeugt, daß die scheinbaren Widersprüche, die von einigen Autoren bei den Resultaten der Prüfung mit dem D. V. angegeben werden, sich oft auf Kombinationen von Symptomen beziehen; ein deutlicher Defekt der Gehörperception auf einer Seite von hysterischer Natur schließt nicht die Lateralisation des D. V. von derselben Seite aus, auch wenn die Affektion des Mittelohrs, welche die Lateralisation hervorruft, von geringer Bedeutung ist.

In unseren Beobachtungen finden wir viele Thatsachen zum Beweis dieses Verhaltens des WEBER'schen Experimentes bei Hysterie.

In anderen Fällen wird das D. V., trotz dem schweren, einseitigen Gehörsdefekt, nicht lateralisiert. Einen guten Beweis bietet der Mangel der Lateralisation des D. V. in einem von mir beobachteten Falle von vollständiger Taubheit, welche auf einer Seite durch Suggestion hervorgebracht worden war. Der psychische Charakter der Anästhesie erklärt in diesem Falle die Ursachen des paradoxen Symptoms.

In einer anderen Reihe von Fällen, in denen der funktionelle Defekt einen deutlicher peripherischen Charakter hat, geschieht die Lateralisation des D. V. wie bei den organischen Affektionen des Apparates der Tonperception auf dem gesunden oder besseren Ohre.

Wir haben weiter oben, bei Gelegenheit der Taubheit durch Hystero-Traumatismus, auf die Fälle von JACOBSON und v. KRZYWICKI hingewiesen, in denen das Verhalten des D. V. paradox erschien.

Der erste Fall ist seiner Natur nach ziemlich kompliziert, und es ist zweifelhaft, ob er zu der Kategorie der akustischen Hypästhesie durch Hysterie gehört; jedenfalls bestanden infolge des Traumas schwere Läsionen der M. T. und vielleicht des Mittelohrs, welche, begleitet oder nicht begleitet von einer hysterotraumatischen, akustischen Hypästhesie oder von organischen Läsionen des Labyrinths, die Lateralisation des D. am kranken Ohr hinreichend erklären.

Auch der Fall von v. KRZYWICKI ist kompliziert. Infolge des Traumas entwickelte sich ein typisches Bild von Hystero-Traumatismus, aber es ist zu bemerken, daß beiderseitige Läsionen des Transmissionsapparates der Töne schon vorher vorhanden waren.

Das Verhalten des D. V. in den von LICHTWITZ und v. STEIN[120] mitgeteilten Fällen steht offenbar in Beziehung mit dem psychischen Charakter der Anästhesie und wird von uns später erwähnt und besprochen werden.

Experiment von RINNE.

In der großen Mehrzahl der Fälle, wenn die akustische Hypästhesie in mäßigem Grade vorhanden ist und nicht von Läsionen des Transmissionsapparates begleitet wird, fällt Rinne (mit Tönen von 64 V. S. bis

300 V. S.) positiv aus. In Fällen von schwerer Taubheit kann Rinne auf drei Arten positiv sein, immer mit Ausschluß einer Affektion des Transmissionsapparates:

I. Die Schwingungen einer tiefen Stimmgabel von verhältnismäßig geringer Intensität im Verhältnis zu dem Ton höherer Stimmgabeln können auf dem Luftwege gar nicht, und dagegen als Gefühlseindruck (Zittern) wahrgenommen werden, wenn die Stimmgabel auf den Proc. mastoideus aufgesetzt wird. Es ist allerdings nicht leicht, von dem Kranken zu erlangen, daß er einen scharfen Unterschied zwischen Gefühls- und Gehörseindruck mache.

II. Es ist wahrscheinlich, wenn auch schwer zu beweisen, daß in einigen Fällen von Torpor des Perceptionsapparates von hysterischem Charakter eben dieser Gefühlseindruck der Schwingungen der Stimmgabel das Erscheinen von akustischer Perception dieser Schwingungen hervorrufen kann. Der reichliche und wirksame Gebrauch, den man in den verschiedenartigen hysterischen Hyp- und Anästhesien von der schwingenden Stimmgabel, als einem estesiogenen Agens, macht, scheint diese Ansicht zu bestätigen. Außerdem ist es wohl bekannt, daß bei Hysterie jeder Reiz fähig ist, unter gewissen Umständen die Krankheitsphänomene zu modifizieren. (Elektrische Untersuchung der Mundschleimhaut und Verschwinden der Geschmacks-Hypästhesie [Lichtwitz], mechanische Reizung des Mittelohrs durch die Luftdouche von Politzer oder durch Massage der M. T. und Verschwinden der akustischen Hypästhesie [Gradenigo] u. s. w.)

III. Im Fall von einseitiger akustischer Hypästhesie kann der Ton einer tiefen, auf den Proc. mastoideus aufgesetzten Stimmgabel durch die Schädelknochen auf das gesunde Ohr fortgepflanzt und von diesem wahrgenommen werden.

In unseren Beobachtungen, wenn keine Läsionen des Transmissionsapparates der Töne bestanden, fiel der Rinne mit C (64 V. S.) positiv aus.

Experiment von Schwabach.

Dieses Experiment besteht bekanntlich in der Vergleichung der Dauer der Wahrnehmung einer tiefen, auf den Scheitel aufgesetzten Stimmgabel bei dem Kranken und einem Gesunden; in dem ein- oder beiderseitigen Leiden des Transmissionsapparates des Tones ist die Dauer bei dem Kranken länger, bei den Krankheiten des Perceptionsapparates ist sie dagegen kürzer. Trotz den von einigen Autoren, u. a. von Corradi[261] gegen dieses Experiment erhobenen Einsprüchen halte ich es für in diagnostischer Beziehung sehr wichtig, wenn die Resultate recht deutlich sind. Nach meinen Untersuchungen führt man das Experiment von Schwabach am besten mit der Stimmgabel c (128 V. S.) aus, von einer mittleren Vibrationsdauer (wenn es nicht auf einen festen Körper aufgesetzt ist) von 30″. Um die von funktioneller, akustischer Erschöpfung herrührenden Irrtumsursachen zu vermeiden, stütze ich die Stimmgabel abwechselnd auf meinen eigenen Scheitel und auf den des Kranken und ziehe die Resultate nur dann in Betracht, wenn die bezüglichen Perceptionsdauern sich um wenigstens 5″ unterscheiden.

Die hysterische, akustische Anästhesie verhält sich bei diesem Experimente wie die Krankheiten des Labyrinths und des N. acusticus, d. h. die Dauer der Perception des D. V. ist in höherem oder geringerem Grade abgekürzt im Vergleich mit dem Normalzustande. Wenn man, statt mit c zu experimentieren, die Stimmgabel c^1 anwendet (256 V. S.), bemerkt man oft, daß die Perception des Tones dieser letzteren am Scheitel ganz aufgehoben ist, auch bei der größten Intensität.

Das Experiment von Schwabach hat nach meiner Meinung den weiteren großen Vorteil, daß es verhältnismäßig empfindlich ist; es kann nämlich eine deutlich ausgesprochene Verkürzung der Perceptionsdauer auch dann enthüllen, wenn die Hörschärfe ziemlich gut erhalten ist.

Verhalten der Hörweite für die verschiedenen Tonquellen, namentlich für die Flüstersprache und für die Uhr.

Es ist bekannt, daß das gegenseitige Verhältnis zwischen den Hörweiten für die gewöhnlich zur Messung des Gehörs angewendeten Tonquellen (Uhr, Flüstersprache, Akumeter von Politzer und telephonisches Akumeter, gelegentlich die Konversationssprache) dem Wechsel unterworfen ist und, außer anderen Momenten, auch durch die Natur des Krankheitsprozesses beeinflußt wird. Es ist wichtig, zu untersuchen, ob die akustische Hypästhesie auf hysterischer Basis in dieser Beziehung Charaktere aufweist, welche sie von anderen Formen der Taubheit zu unterscheiden erlauben.

Auch in den neuesten Abhandlungen über Otologie bemerken die Autoren in Uebereinstimmung, daß es zwischen der Hörweite für die Stimme und die für die Uhr kein konstantes Verhältnis giebt; aber sie fügen keine eingehenden Angaben darüber hinzu. In der letzten Zeit habe ich eine Reihe von Untersuchungen angestellt, um zu ermitteln, welche Faktoren vorzugsweise imstande sind, das angegebene Verhältnis zu bestimmen [262]. Nach meinen Beobachtungen sind es drei Hauptfaktoren, welche die bezüglichen Hörweiten für die Uhr und für die Flüsterstimme bestimmen, wenn man von den Unterschieden der Intensität und Höhe des Tons absieht, welche die verschiedenen Uhren und die einzelnen, die Flüstersprache bildenden Vokale und

Konsonanten darbieten können: 1) die Umgebung, 2) das Alter des zu Prüfenden, 3) die Qualität des Ohrleidens.

Wenn man, wie in unserem Falle, nur solche Kranke berücksichtigt, bei denen die Hörschärfe für die Stimme nicht über 5 m beträgt, ist die Irrtumsursache, die von den Eigentümlichkeiten der Resonanz der Umgebung herrührt, von ganz untergeordneter Bedeutung. Auch das Alter ist bei der hysterischen, akustischen Hypästhesie ein Faktor von sekundärer Wichtigkeit für die Bestimmung der Hörweite, denn es handelt sich gewöhnlich um jugendliche, jedenfalls nicht über 50 Jahre alte Personen, denn wir wissen, daß man bei Greisen eine Schwächung des Gehörs antrifft, besonders für die Töne der Uhr.

Es bleibt uns also noch übrig, den Einfluß der Affektion des Ohres selbst zu untersuchen.

Trotz der großen Anzahl von Fällen von hysterischer Taubheit, welche, wie wir gesehen haben, in der Litteratur aufgezeichnet sind. findet man doch darunter nur wenige, in denen die Hörweiten für die Stimme, die Uhr und das Akumeter von Politzer genau angegeben sind. Unter diesen können wir solche nicht berücksichtigen, in denen eine mehr oder weniger schwere Affektion des Transmissionsapparates in Verbindung mit der hysterischen Hypästhesie bestand.

Die Prüfung der für die benutzbaren Fälle aufgezeichneten Zahlen erlaubt uns nicht, ein entschiedenes Urteil über das Verhalten der typischen Hörschärfe bei akustischer Hypästhesie zu fällen*). Bei dem Falle von Politzer scheint der Defekt für das Akumeter im Vergleich mit der Flüsterstimme vorwiegend zu sein, und es ist besonders bemerkenswert, daß bei demselben Subjekte und für dasselbe Ohr (das linke) die Hörweite für die Stimme konstant bleiben konnte (2 m), während sie für das Akumeter bei der zweiten, 2 Monate später ausgeführten Untersuchung von 1 m auf 9 cm abgenommen hatte ([34]). Die Zahlen von Urbantschitsch, der dieselbe Kranke Politzer's später untersuchte, sind nicht direkt mit denen Politzer's vergleichbar, weil letzterer nur die Flüsterstimme und das Akumeter, ersterer nur die Uhr und die Konversationsstimme berücksichtigte.

Die Zahlen von Lichtwitz für die neun von ihm beobachtete Fälle sind ohne Zweifel vollständiger; mit Ausnahme der Beobachtungen I und IV wird bei den anderen die Hörweite für die Flüsterstimme, die Uhr (mittlere normale Entfernung 1,5 m) und für das Akumeter von Politzer angegeben. Aber auch hier sind die Resultate wenig übereinstimmend. Während z. B. bei Nummer 11 die Entfernung für das Akumeter (8,00) viel größer ist als die für die Flüsterstimme

*) Vgl. in meiner anfangs zitierten italienischen Arbeit die betreff. Tabellen.

(3,00), so wird bei den anderen Beobachtungen ein anderes Verhalten angegeben [z. B. 14) 2,50 und 4,00; 18) 0,60 und 3,50; 23) 15,00 und 20,00].

Das Verhältnis zwischen den Entfernungen der Flüstersprache und der Uhr mit schwachem Schlag ist dagegen immer zu Gunsten der ersteren; es ist jedoch zu bemerken, daß nach dem Alter von 30 Jahren die Perception der Uhr in Vergleich mit der Stimme gewöhnlich schnell abnimmt (Beob. 18, 19, 23); dieses Verhalten ist einfach die Bestätigung des physiologischen Gesetzes, das wir über den Einfluß des Alters angegeben haben.

Beweiskräftigere Resultate erhält man, wenn man statt einer Uhr mit schwachem Schlag (mittlere Entfernung 1,50) eine solche mit starkem Schlag anwendet (Entfernung bei 25 Beobachtungen 5,00 m).

Aus den von mir gesammelten Zahlen geht vor allem die beachtenswerte Thatsache hervor, daß bei hysterischer akustischer Hypästhesie die Hörweite für die Uhr mit starkem Schlag größer ist als für die Flüsterstimme, wenn die letztere nicht mehr als 5 m beträgt. So finden wir bei der großen Mehrzahl der Beobachtungen ziemlich bedeutende Unterschiede zu Gunsten der Uhr; wenn dagegen die Abnahme des Gehörs gering war, und die Entfernung für die Flüsterstimme über 5 m betrug, wurde diese verhältnismäßig besser gehört als die Uhr. Von der oben ausgesprochenen Regel ist nur ein Fall ausgenommen, in dem die Entfernung für die Flüstersprache nur 2 m betrug und die für die Uhr noch geringer war (0,75 m). Wir werden sehen, daß die Resultate der Prüfung in den mit Otitis media komplizierten Fällen von Hypästhesie verschieden sind.

Das angegebene Verhältnis zwischen den Hörweiten für die Stimme und für die Uhr bei akustischer Hypästhesie ist um so wichtiger, da wir wissen, daß man bei den organischen Krankheiten des Labyrinths gerade das umgekehrte Verhältnis antrifft, die doch mit der Hypästhesie viele funktionelle Symptome gemeinschaftlich aufweisen, indem beide Formen zu der Gruppe der Affektionen des Apparates zur Perception der Töne gehören.

Bei Krankheiten des Labyrinths wird die Uhr ziemlich schlecht wahrgenommen, während die Entfernung für die Flüstersprache verhältnismäßig gut erhalten sein und in einigen Fällen die für die Uhr sogar fünfzig und mehr Male übertreffen kann.

Ich stehe nicht an, das oben beschriebene Verhalten der Hörweiten bei akustischer Hypästhesie für charakteristisch für diese Affektion zu halten*).

*) Die von mir unterschiedenen Haupttypen des Verhältnisses zwischen der Hörweite der Flüstersprache und der der Uhr sind:

Die Erklärung der besseren Perception der Uhr im Vergleich mit der Flüstersprache bei akustischer Hypästhesie ist nach meiner Meinung in dem vorwiegend psychischen Charakter zu suchen, den die hysterische Anästhesie aufweist. Ich behalte mir vor, weiterhin diese Idee ausführlicher zu entwickeln, halte es aber für zweckmäßig, sogleich hier daran zu erinnern, daß die hysterischen Anästhesien als die Folge einer Beschränkung des Bewußtseins betrachtet werden können, einer Verminderung der Aufmerksamkeit auf peripherische Reize, mit einem Worte, eines Torpors der Psyche.

Nun wissen wir alle, daß gerade auf die Resultate der funktionellen Prüfung mit der Sprache die psychischen Zustände des Geprüften den größten Einfluß ausüben. In der That, die Aufmerksamkeit, die nötig ist, um mit dem Ohr die einzelnen, ein Wort bildenden Töne aufzusammeln, und die bei der so oft vorhandenen Unmöglichkeit, alle Töne gut aufzufassen, ins Recht tretende unwillkührliche Rekonstruktion des ganzen Wortes mit Hilfe der leichter wahrgenommenen Töne, wie Vokale und sonore Konsonanten, also das Erraten dieser Wörter mit Hilfe der Kenntnis der Sprache, der logischen Ordnung, in der die Prüfungsworte aufeinanderfolgen, und wenn es nötig ist, auch die Erinnerung an die bei vorhergehenden Prüfungen angewandten Worte: dies Alles bildet eine komplizierte, schwierige psychische Thätigkeit. Wenn wir in einer fremden Sprache oder mit dem zu Prüfenden unbekannten Worten experimentieren, können wir alle Tage bemerken, daß seine Gehörschärfe viel geringer erscheint, als wenn man gebräuchliche Worte anwendet; sowie auch von zwei zu prüfenden Personen mit gleicher Gehörschärfe diejenige, welche höhere Intelligenz und schnellere Auffassung besitzt, eine viel größere Hörweite für die Sprache zeigen wird. als die andere. Ein hysterisches Subjekt befindet sich in einem Zustande psychischer Inferiorität im Vergleich zu einem Gesunden; es wird ihm natürlich leichter, seine Aufmerksamkeit auf das Ticken einer Uhr. einen verhältnismäßig einfachen Ton zu richten, als auf die verschiedenen, die prüfenden Worte bildenden Töne.

Das Akumeter von Politzer wird bei akustischer Hypästhesie im Vergleich mit der Sprache gut wahrgenommen.

---

1) Flüstersprache und starke Uhr (5 m) werden in ungefähr gleicher Entfernung gehört. Ein ziemlich seltener Typus: man findet ihn bei leichten, auf den Transmissionsapparat der Töne beschränkten Affektionen.

2) Entfernung für die Sprache in wechselndem, aber nicht sehr bedeutendem Grad größer, als für die Uhr. Dies ist der häufigste, bei den Krankheiten des Transmissionsapparates vorkommende Typus.

3) Entfernung für die Flüstersprache bedeutend größer als für die Uhr (bei jungen Leuten). Vorwiegend Affektion des inneren Ohres.

4) Entfernung für die Uhr größer — bis zum Doppelten — als für die Flüstersprache. Akustische Hypästhesie von hysterischem Charakter.

Verschieden von den bis jetzt angeführten sind die Resultate der funktionellen Prüfung mit den verschiedenen Tonquellen in den Fällen, in denen die akustische Hypästhesie von mehr oder weniger bedeutenden Läsionen des Transmissionsapparates der Töne begleitet ist. So zeigt sich eine Abnahme des Gehörs, auch wenn sie nur dem Transmissionsapparat der Töne zuzuschreiben ist, vorzüglich in der Verkleinerung der Hörweite für die Uhr, und zwar desto mehr, je schwächer das Ticken der Uhr ist.

Vielleicht erklärt das Vorhandensein selbst leichter Läsionen im Mittelohr zum Teil die Unterschiede zwischen dem Resultate einiger funktionellen Prüfungen bei Beobachtungen über hysterische Hyperästhesie von LICHTWITZ und mir.

Variabilität der Hörschärfe.

Einer der wichtigsten Charaktere der akustischen Hyperästhesie wird durch den häufigen und schnellen Wechsel der Hörschärfe innerhalb bisweilen ziemlich weiter Grenzen dargestellt. Solche Veränderungen können teils ohne wahrnehmbare äußere Ursache, teils nach der Anwendung sogenannter ästhesiogener Agentien eintreten.

Außer den ohne sichtbare äußere Ursache stattfindenden Schwankungen der Gehörschärfe sind solche bemerkenswert, die bisweilen durch unbedeutende Ursachen hervorgebracht werden: die Vielheit und Verschiedenheit der Momente, welche die Hörschärfe beeinflussen können, erklären hinreichend die Schwierigkeit in der Praxis, den Grad des Gehördefekts genau zu bestimmen. Die Abnahme des Gehörs ist oft bei einer gewissen Art von Kranken etwas Unsicheres, Unentschiedenes, Unergründliches; so oft man auch die Prüfungen wiederholt, die Kontrollversuche vervielfältigt, alle möglichen Ursachen zu Irrtümern zu vermeiden sucht, so sind doch die Resultate unserer Prüfungen noch weit davon entfernt, uns jene Genauigkeit zu verschaffen, zu der wir bei den organischen Affektionen des Ohrs gelangen können.

Aber es kann nicht anders sein, wenn man bedenkt, daß die Anästhesien bei Hysterie, wie wir später sehen werden, vorwiegend psychischen Charakter zeigen, daß sie nicht nur durch moralische Ursachen, sondern auch durch die gleichgiltigsten und — scheinbar — unbedeutendsten materiellen Momente stark abgeändert werden können, ferner durch specifische, direkt oder indirekt wirkende Reize, durch einfache oder komplizierte chirurgische Eingriffe an dem kranken oder an einem entfernten Teile, endlich durch die Elektricität in allen ihren Formen, jenes mächtigste der modifikatorischen Agentien.

In Bezug auf die akustische Hypästhesie haben wir zuerst gesehen, daß man den Transfert mit den verschiedensten Mitteln bewirken kann, durch einfache Suggestion, durch Anwendung des Magnets, des Goldes, der Elektricität. LICHTWITZ brachte ihn hervor, indem er den äußeren Gehörgang mit Quecksilber füllte oder eine Goldmünze an die Mundschleimhaut anlegte. Was hier vom Transfert gesagt ist, läßt sich im allgemeinen auf die Abänderungen der Gehörschärfe bei Hysterie anwenden.

Akustische Reize müssen als wirksame Modifikatoren der Hypästhesie betrachtet werden.

In einem kürzlich von CARTAZ [264] mitgeteilten Fall von vollständiger hysterischer Taubheit und Blindheit gelang es diesem Autor, die Taubheit durch einen starken akustischen Reiz sogleich zum Verschwinden zu bringen, indem er nämlich auf den Kopf der Kranken ein Eisenstück stützte und mit einem Schlüssel daran schlug.

Unter den ästhesiogenen Mitteln bei akustischer Hypästhesie verdienen besonders genannt zu werden die Luftdusche von POLITZER, der Katheterismus und die Sondierung der Trompete; vielleicht ist ein Teil der von URBANSTCHITSCH bei letzterer Operation erhaltenen guten Resultate durch den hysterischen Charakter der Gehörstörungen zu erklären. Daraus folgt, daß, wenn wir durch Lüftung der Paukenhöhle auffallende Besserung der Hörschärfe erreichen, wir dadurch noch nicht berechtigt sind, die Gehörstörung in Verbindung mit katarrhalischer Otitis media zu bringen, denn eine ähnliche Wirkung kann auch bei akustischer Hypästhesie eintreten.

Elektrische Erregbarkeit des N. acusticus.

In der klassischen Abhandlung von BRENNER [143], die man der Zeitfolge nach als die erste über die elektrische Reaktion des N. acusticus veröffentlichte wissenschaftliche Arbeit betrachten kann, ist die Rede von dem Verhalten dieser Reaktion in den verschiedenen Krankheiten des Gehörorgans, sowie in einem Falle von endokranieller Affektion, die von Paralyse der Augenmuskeln begleitet war; man würde jedoch eine Andeutung der Reaktion des Hörnerven bei Hysterie vergeblich suchen. Dasselbe läßt sich von den Arbeiten von HAGEN [144], [145], [146], [147], einem der tüchtigsten Nachfolger und Verteidiger der Lehre BRENNER's, sagen, ebenso von denen von HITZIG [148], SCHWARTZE [149], BETTELHEIM [150], SYCYANCO [151], SCHULTZ [152], WREDEN [153]. In einer neueren Reihe hierauf bezüglicher Arbeiten (LAROCHE [154], POLLACK und GÄRTNER [155], BENEDIKT [156], BERNHARD [157], LOMBROSO und COEN [158]), zu welchen meine vorläufige Mitteilung auf dem internationalen otologischen Kongresse zu Brüssel [159] im Jahre 1888 Veranlassung gab, findet sich, wie man sagen kann, kein Wort über die Eigentümlichkeiten, welche die elektrische Prüfung des N. acusticus bei hysterischer akustischer Hypästhesie darbietet. In der These von MOREL [166], wo auch die Resultate der elektrischen Prüfung des Hörnerven bei 155 Personen angegeben sind, findet sich nichts auf die hysterische Hypästhesie Bezügliches.

Nicht glücklicher waren unsere Nachforschungen, als wir in dieser Beziehung die Mitteilungen klinischer Beobachtungen verschiedener Autoren um Rat fragten. LICHTWITZ [70] hat die hysterischen Affektionen des Geschmacksorgans, aber nicht die des Gehörs elektrisch untersucht. Die Resultate der elektrischen Prüfung des Acusticus werden nur bei der von ROSENTHAL [52] beobachteten und beschriebenen Kranken erwähnt, ferner von POLITZER [63] und von URBANTSCHITSCH [61]. Diese Autoren geben übereinstimmend an, auf der anästhetischen Seite habe die galvanische Reaktion des Acusticus gefehlt, sowie auch die galvanische *E.* an der entsprechenden Körperhälfte vermindert war.

Ich habe Gelegenheit gehabt, zu wiederholten Malen hierauf bezügliche Untersuchungen anzustellen [160, 161, 162, 163]. In der Arbeit über die graphische Darstellung der Reaktion [161] teilte ich das Fehlen jeder elektrischen Reaktion des Acusticus in zwei Fällen von Hysterie mit, bei normaler Hörschärfe. In einer anderen Veröffentlichung [352] bemerkte ich, daß die Resultate der Prüfung des Hörnerven bei Hysterie verschiedenartig sein können je nach den Eigentümlichkeiten der einzelnen Fälle.

In einem meiner Fälle, in dem die Hörschärfe normal blieb, sogar eine schmerzhafte funktionelle Ueberreizbarkeit vorhanden war, konnte man auch eine besondere elektrische übermäßige Reizbarkeit des Acusticus nachweisen. Dem Eintritt der funktionellen Hypästhesie ging schnelle Abnahme der galvanischen Reizbarkeit voraus, bis zu deren gänzlichem Verschwinden. Die akustische Hypästhesie fiel also in diesem Falle mit der galvanischen Hypexcitabilität zusammen. Aehnliches ergiebt sich aus anderen von meinen Beobachtungen.

Ich glaube nicht, daß man, gestützt auf die mitgeteilten Thatsachen, mit Recht behaupten kann, der Mangel der galvanischen *E.* des Hörnerven sei in der hysterischen akustischen Hyp- und Anästhesie eine konstante Thatsache; wir müssen jedoch anerkennen, daß sie sehr häufig vorkommt. Und da aus meinen Untersuchungen folgt, daß eben die schweren organischen Affektionen des inneren Ohrs und des Nerven, welche eine Taubheit mit Symptomen hervorrufen, die in mehreren Beziehungen den bei hysterischer Hypästhesie vorkommenden sehr ähnlich sind, in der akuten Periode konstant von starker Vermehrung der elektrischen *E.* begleitet sind, so daß man an solchen Kranken leicht die akustische Reaktion von $^1/_3$—$^1/_6$ von MA (nach ERB's Methode) erhält, so folgt daraus, daß ein wichtiger Differentialcharakter zwischen hysterischer akustischer Hypästhesie und im Labyrinth und im Hörnerven akut sich entwickelnden organischen Läsionen das Verhalten der elektrischen *E* des Acusticus ist. In der ersten Gruppe von

Affektionen findet man gewöhnlich verminderte, in der zweiten bedeutend vermehrte Erregbarkeit. Dieser Differentialcharakter fehlt, wenn es sich um veraltete Affektionen des Labyrinths mit sehr chronischem Verlauf handelt, welche nicht von Vermehrung der galvanischen *E.* des Hörnerven begleitet zu sein pflegen.

Bekanntlich sind es zwei subjektive Hauptsymptome, welche gewöhnlich die auf den Perceptionsapparat der Töne zu beziehenden Formen der Taubheit begleiten: Geräusche im Ohr und Schwindel. Da die Autoren nicht über das Verhalten dieser beiden Symptomengruppen bei der Taubheit von hysterischem Charakter übereinstimmen, und da andererseits diese klinischen Charaktere, wie wir sehen werden, wichtige Beihilfe zur Diagnose leisten können, so wird es zweckmäßig sein, die Resultate der hierauf bezüglichen Beobachtungen näher zu betrachten.

Subjektive Geräusche.

Briquet[79] erzählt einen Fall von hysterischer Taubheit bei einer Dame, welche von Duchenne durch Faradisation geheilt wurde, und scheint dem Vorhandensein subjektiver Geräusche mit dem Charakter dieser Form der Taubheit Wert beizulegen. An einer anderen Stelle bemerkt Briquet[50], daß die Kranken auf der anästhetischen Seite eine Art fortdauernden Brummens oder Pfeifens hören, das sie sehr ermüdet. Urbantschitsch hat an der von ihm beobachteten Kranken nur in einer bestimmten Periode der Krankheit starke subjektive Geräusche beobachtet; dem Transfert des Gehörs gingen außerdem immer Aenderungen der Stärke und Tonhöhe der subjektiven Geräusche voraus. Auch Rosenthal und Desbrosse nehmen bei hysterischer akustischer Hypästhesie das Vorkommen von Geräuschen und Pfeifen an, die den Kranken oft sehr peinlich sind.

Andere Autoren dagegen sagen nichts von subjektiven Geräuschen. Lichtwitz[70] erwähnt sie nicht bei den Folgerungen aus seiner eingehenden Monographie; Magnus[86] und Walton nennen sie nicht unter den Symptomen.

Persönliche Beobachtungen haben mir bewiesen, daß, im Gegensatz zu den Meinungen der Autoren, die subjektiven Geräusche keinen konstanten Teil des symptomatischen Bildes der akustischen Hypästhesie von hysterischem Charakter ausmachen. Man findet Fälle von vollständiger hysterischer Taubheit, in denen niemals subjektive Geräusche vorhanden waren. Die subjektiven Geräusche können die hysterische Taubheit begleiten und sein:

a) von vorübergehendem Charakter und an die Neurose selbst gebunden. Sie gehen voraus, begleiten oder folgen den hysterischen Anfällen im allgemeinen und im besonderen den plötzlichen Veränderungen der Gehörschärfe (akustische Transfert, Uebergang der akustischen Hyperästhesie zur Hypästhesie, u. s. w.).

b) von vorübergehendem oder dauerndem Charakter und an organische Läsionen des Gehörorgans gebunden, welche die Neurose komplizieren. In diesen Fällen machen sie ursprünglich einen Teil des symptomatischen Bildes der organischen Affektion aus, werden aber durch die zugleich bestehende Neurose in ihren Charakteren abgeändert. So kann z. B. eine chronische Otitis media purulenta, welche bekanntlich bei einem normalen Individuum gewöhnlich keine subjektiven Geräusche hervorbringt, bei einem hysterischen Subjekte Geräusche von der verschiedensten Tonhöhe erzeugen.

Da die organischen Läsionen des Perceptionsapparats der Töne, mit denen man die hysterische akustische Hypästhesie vorzüglich verwechseln kann, immer von fortwährenden subjektiven Geräuschen begleitet sind, so begreift man leicht, welchen wichtigen diagnostischen Differentialcharakter wir in den Fällen besitzen können, in denen die Hypästhesie von keinen oder nur von solchen Geräuschen begleitet ist, welche nur einen vorübergehenden Charakter haben.

Schwindel.

Für den Schwindel müssen wir mit den nötigen Abänderungen das über die subjektiven Geräusche bei der akustischen Hypästhesie Gesagte wiederholen. Nur in einigen Beobachtungen finden wir Schwindel als schweres Symptom angegeben. In der Mehrzahl der in der Litteratur beschriebenen Fälle von akustischer Hypästhesie wird das Symptom Schwindel nicht erwähnt.

Wenn Schwindel vorhanden ist, können subjektive Geräusche fehlen; häufiger sind beide Symptome zugleich gegenwärtig; zuweilen tritt noch Otalgie hinzu, und dann zeigen sie einen erethistischen Zustand des Gehörorgans an. In den torpiden Perioden der Neurose, in denen Anzeichen von sensorieller Parese vorherrschen, fehlen diese Symptomengruppen.

Der Schwindel ist ein häufiges Symptom hysterischer Anfälle und kann dann von der Lokalisation der Neurose am Ohr ganz unabhängig sein. Wenn er aber wirklich an die neurotischen Störungen des Gehörorgans gebunden ist, so hängt er von Reizung des Ampullarapparats der halbkreisförmigen Kanäle ab und unterscheidet sich seinem Charakter nach nicht von dem die organischen Affektionen des inneren Ohres begleitenden Schwindel. Der Schwindel tritt in mehr oder wenigen starken Anfällen auf, welche bisweilen von Uebelkeit und Erbrechen, selten von Verlust des Bewußtseins begleitet sind. Wir werden bei Gelegenheit der hysterogenen Zonen des Gehörorgans weiter von diesem Symptom zu sprechen haben.

Bei den sich akut entwickelnden organischen Affektionen des Perceptionsapparats der Töne stellt der Schwindel bekanntlich eines der häufigsten Symptome dar; die Abwesenheit dieses Symptoms bei hysterischer Taubheit, wenn sie schnell auftritt, hat ebenso, wie das Fehlen von subjektiven Geräuschen und von elektrischer Ueberreizbarkeit des akustischen Tones eine wichtige diagnostische Bedeutung.

Das vom Schwindel Gesagte gilt ebenfalls von dem Schwanken beim Gehen; letzteres hängt von ersterem ab.

Schmerzen.

Das Symptom Ohrenschmerz findet sich nicht selten bei den Lokalisationen der Hysterie am Ohr; da er aber, wenn er vorhanden ist, seiner Stärke wegen gewöhnlich die ganze Krankheitsscene beherrscht, so daß die anderen Symptome in die zweite Reihe zu stehen kommen, so wird es zweckmäßig sein, ihn in dem Kapitel über Otalgie besonders zu behandeln.

Der psychische Charakter der akustischen Hypästhesie bei der Hysterie.

Der vorwiegend psychische Charakter, den im allgemeinen die funktionellen Störungen und vorzugsweise die Anästhesien bei Hysterie zeigen, ist, dank den Studien der letzten Jahre, gegenwärtig allgemein anerkannt. Die akustische Anästhesie ist in dieser Beziehung von anderen Formen der Anästhesie nicht verschieden, zeigt aber oft bemerkenswerte klinische Eigentümlichkeiten.

Schon im Jahre 1870 betonten Chairon [267] und nach ihm Huchard [268] und Page [269] die Ansicht, daß einer der wichtigsten Charaktere der Hysterie durch Mangel oder Verminderung der Willenskraft dargestellt werde.

Strümpell und Möbius [271] definierten die Hysterie als eine Psychose, einen krankhaften Zustand der Seele; aber da sie gewöhnlich ohne auffallende Alterationen der psychischen Thätigkeit auftritt, so sucht man ihre wesentlichen Zeichen in körperlichen Symptomen.

Der Schule von Charcot, besonders Janet [272, 276] und Onanoff [273] kommt das Verdienst zu, in hinreichend klaren Ausdrücken eine Theorie zur Erklärung der Symptome der Hysterie ausgesprochen zu haben. Die partiellen Sensationen gehen den unteren Nervencentren zu, wo eine Association entsteht, welche in eine Selektion ausläuft und die Perception bildet. Dieser Mechanismus ist in der Hysterie gefälscht; oft ist die Reihe der oben angegebenen Erscheinungen unvollständig. Die Sensation wird nicht auf bewußte Weise percipiert, weil die Association nicht gut zustande kommt; einige von den Centren sind zu eng miteinander verbunden und lassen ihre Verbindung durch die neu hinzugekommene Sensation nicht durchbrechen; das von der Zone dieser Centra ausgegangene Produkt wird schlecht verarbeitet und vermag nicht die vollkommene

Kette von Phänomenen hervorzurufen, welche zur Perception führen. Dann findet unbewußte Perception statt, welche in objektiver Hinsicht der Anästhesie gleichzustellen ist. In solchen Fällen kann ein geringer psychischer Einfluß (Suggestion, Aufmerksamkeit) genügen, um die Einheit der Associationscentra zu durchbrechen, welche verhindert, daß die Erregung bewußt wird. Dies erklärt die Unbeständigkeit der Anästhesie, und dieser Charakter folgt deutlich auch aus unseren klinischen Beobachtungen.

Da nun eine Empfindung, auch wenn sie nicht bewußt geworden ist, von den oberen Centren aufgenommen wird, so begreift man, daß sie wieder in das Gebiet des Bewußtseins eintreten kann (Erinnerung der Empfindung).

Zur Bestätigung der ausgesprochenen Theorie ist zu bemerken, daß die Zeit der einfachen Reaktion, also die, welche zwischen dem Augenblicke der Erregbarkeit und der Erscheinung der Bewegung verstreicht, bei hysterischer Anästhesie im Vergleich zur normalen Zeit vermindert ist. Die Theorie giebt auch die Erklärung der hauptsächlichsten Charaktere dieser Anästhesie, nämlich die Erhaltung der Reflexe, (daß diese oft vollständig ist), die Besonderheiten der topographischen Verteilung der Hautanästhesie, die Eigentümlichkeiten der Entwickelung u. s. w.

In kurzen Worten: die Anästhesie bei Hysterie entsteht durch die Dissociation der Fähigkeit, die Empfindungen zu synthesieren, oder des Prozesses, mittels dessen der Geist einen Sinneseindruck mit einer Begleitung von Bildern konkret macht.

Es handelt sich um eine Beschränkung des Gebietes des Bewußtseins; die persönliche Perception unterläßt es, diese oder jene Art von Bildern aufzunehmen, und sehr oft kennen wir die Einflüsse nicht, welche die Wahl dieser Eindrücke beeinflussen. Andere Male kann man diese Einflüsse erkennen (Breuer und Freund[275]). Die gewöhnlichen Erscheinungen der Hysterie, Hyperästhesie, Schmerzen, müssen auf dieselbe Weise gedeutet werden wie bei traumatischer Hysterie, durch die Fortdauer einer Idee, eines Traumas. Es sind keine spontanen Aeußerungen, sondern sie stehen in unmittelbarem Zusammenhang mit dem verursachenden Trauma. Der Zusammenhang zwischen der hervorrufenden Idee und der klinischen Erscheinung kann mehr oder weniger direkt sein, besteht aber immer.

Nicht alle Anästhesien sind von derselben Intensität; neben solchen, bei denen das Vorhandensein der halbbewußten Perception nachgewiesen werden kann, giebt es besonders schwere Anästhesien, bei denen periphere Reize durchaus nicht wahrgenommen zu werden scheinen. Janet stellte in dieser Beziehung drei Abteilungen von Kranken auf: 1) solche, bei denen das Vorhandensein der halbbewußten Perception nachgewiesen werden kann; 2) solche, bei denen dieser Nachweis nur schwer unter besonderen Bedingungen des Experiments zu erbringen ist; 3) solche, bei denen die Perception auf keine Weise zum Vorschein zu bringen ist.

Diese verschiedenen Zustände lassen sich erklären, wenn man eher einen Unterschied im Grade der Anästhesie als in ihrem Wesen annimmt.

Die Beispiele, welche man gewöhnlich zur Stütze der angeführten Theorie anführt, sind vorzüglich den Gesichts- und Gefühlsorganen entlehnt; wir werden weiterhin sehen, daß der psychische Charakter der Anästhesie auch durch das Studium des Gehörorgans bestätigt wird.

Es ist bekannt, daß eine bedeutende beiderseitige Beschränkung des Gesichtsfeldes von hysterischer Natur dem Kranken erlaubt, sich mit Sicherheit zu bewegen, während dieselbe Beschränkung, wenn sie organischer Natur wäre, ihn am Gehen fast ganz hindern würde. Bei einem hysterischen Anfällen ausgesetzten Knaben, der infolge des Schreckes bei einer Feuersbrunst erkrankt war und dessen Anfälle sich erneuerten, wenn er nur von einer Feuersbrunst reden hörte oder eine kleine Flamme sah, erstreckte sich das Gesichtsfeld nicht auf mehr als 30—35 °. Als dieser Kranke zur Beobachtung vor das Campimeter gestellt wurde, erfolgte ein Anfall, wenn man ein brennendes Schwefelhölzchen auf 80 ° näherte (Janet). Bei einer Hysterischen, welche die rote Farbe nicht sieht, erscheint die Newton'sche Scheibe, wenn sie gedreht wird, weißgrau, als wenn alle Farben wahrgenommen würden. Auch das Prisma zeigt, daß die Achromatopsie der Hysterischen von rein psychischem Charakter ist (Bernheim [270]).

Moore macht auf hysterische Blindheit aufmerksam, die mit Photophobie von psychischem Ursprung verbunden ist; Souse und mit ihm viele andere Beobachter berichten über Fälle von hysterischer Amaurose, die nur bei monokulärem Sehen vorhanden war; bei binokulärem Sehen verschwand die Amaurose.

Um Beispiele anzuführen, welche den Gefühlssinn betreffen, erinnern wir an Fälle, wo die Berührung einer schlafenden, an einem Körperteil vollkommen anästhetischen Hysterischen im Traum eine Reihe von Bildern hervorruft, welche mit jenem Körperteil in enger Verbindung stehen. Dies beweist also, daß eine halbbewußte Perception trotz der Anästhesie stattgefunden hatte *).

---

*) Zum Beweis für den psychischen Charakter der klinischen Erscheinungen bei Hysterie dient auch die von Ballet angeführte Beobachtung einer unteren, rechtsseitigen, hysterischen Facialparalyse bei einer Frau von 38 Jahren: die entsprechenden Facialmuskeln blieben unthätig, wenn die Kranke die Lippenkommissur auf- oder abwärts bewegen wollte, zogen sich aber zusammen, wenn sie lachte oder weinte. (Rev. des Sc. méd. de Hayem, No. 82, 15. April 1893, S. 566.)

Das Vorhandensein von halbbewußter Perception, während die Kranke angiebt, durchaus nichts wahrzunehmen, verleiht ihr den Anschein der Simulation; und da die Simulation einen Teil des Charakters der Hysterischen ausmacht, so begreift man leicht, wie schwer es in gewissen Fällen sein kann, die Simulation von der wirklichen Anästhesie auf psychischer Basis zu unterscheiden.

In Bezug auf das Gehörorgan finden wir hier und da unter den Beobachtungen über akustische Anästhesie und Hypästhesie in der Litteratur Fälle von derselben Bedeutung verzeichnet wie die für das Gesicht und das Gemeingefühl angeführten, denen aber die Autoren entweder nicht die gehörige Beachtung geschenkt oder keine richtige Deutung beigegeben haben.

In der Monographie von Lichtwitz[70] werden einige anscheinend paradoxe Beobachtungen mitgeteilt. In zwei Fällen (I und II) von einseitiger Taubheit wurde die auf die Schädelknochen der kranken Seite aufgelegte Uhr überhaupt nicht gehört, während sie, da es sich um junge Personen handelte, durch die Knochen der gesunden Seite hätte percipiert werden müssen. In Beobachtung IV wurden die Stimmgabeln nur dann gehört, wenn sie auf die dem gesunden Ohre entsprechende Kopfhälfte bis zur Mittellinie aufgesetzt wurden; ferner, was noch merkwürdiger ist, wurde nichts von den Geräuschen und Tönen gehört, welche in dem links von der Kranken gelegenen Zimmerraume hervorgebracht wurden, obgleich das rechte, gesunde Ohr nicht verstopft war. Lichtwitz erklärt diese letztere Erscheinung, indem er außer der rechtsseitigen Anästhesie noch linksseitige Hypästhesie annimmt.

Ein sehr ähnlicher, vollkommen typischer Fall wird von v. Stein[120] mitgeteilt, den wir schon oben erwähnt haben.

Bei einer Frau von 30 Jahren mit erblicher Nervosität und verschiedenen neurotischen Stigmaten bestand Anästhesie beider Ohrmuscheln und Gehörgänge und Schwächung des Gehörs besonders linkerseits. Die vibrierende Stimmgabel von c^{20} wurde nur wahrgenommen, wenn sie auf empfindliche Stellen der Kopfhaut aufgesetzt wurde und auf das Ohr der entsprechenden Seite bezogen, mit geringem Vorwiegen der rechten Seite. Wenn die Stimmgabel auf anästhetische Hautstärke aufgesetzt wurde, wurde der Ton gar nicht wahrgenommen. Bei geschlossenen Ohren entstand dagegen schmerzhafte Hyperakusie, wenn die Stimmgabel auf sensible Hautstücke aufgesetzt wurde.

Bei dieser Kranken fanden sich außerdem noch andere für Hysterie charakteristische Erscheinungen: Somnolenz, psychische Reizbarkeit u. s. w. Das Aufrechtstehen war schwierig ohne Unterstützung durch das Gesicht.

Die Krankheit wurde wie eine organische Affektion mit salzsaurem Chinin, Jodkalium u. s. w. behandelt. Es trat allmählich Besserung sowohl der Anästhesie als der Taubheit ein, und der Autor macht die wichtige Angabe, daß jene Teile der Haut, an denen das Gefühl wiedererschienen war, von nun an den Ton der Stimmgabel nach dem rechten Ohre leiteten. Die Untersuchung der Augen zeigte in dieser Periode keine Beschränkung des Gesichtsfeldes. Infolge einer eingetretenen Verschlimmerung wurde jedoch eine konzentrische Einschränkung beobachtet, besonders für die Farben; Blau, Grün, Rot wurden in dem unteren inneren Quadranten des Gesichtsfeldes nicht wahrgenommen.

Der Autor scheint in der Epikrise auf einer Seite Hysterie anzunehmen, zu welcher die Kranke erblich prädisponiert war, auf der anderen ist er geneigt, wegen des Kausalmoments (Erkältung), des Gefühls von Schwere in den Ohren, der Abmagerung, des leicht eintretenden Schwindels mit Neigung, nach hinten und links zufallen und einer Reihe trophischer Symptome (Exophthalmus, Hautödem, Ausfallen der Haare) eine Labyrinthitis anzunehmen.

Unsere heutigen Kenntnisse der klinischen Charaktere der Hysterie erlauben, in diesem Falle alle Symptome, mit Einschluß der trophischen Störungen, einfach für hysterisch zu erklären. Was die Erklärung der ungewöhnlichen Erscheinuug der Wahrnehmung der Stimmgabel durch den Knochen nur an den empfindlichen Hautstellen betrifft — ganz ähnlich dem von Lichtwitz mitgeteilten Falle —, so muß man sie nach meiner Meinung in dem psychischen Charakter der hysterischen Anästhesie suchen. Man kann annehmen, der akustische Eindruck an sich habe sich in bewußte Perception nur mit Hilfe des Gefühlseindrucks, hervorgebracht durch die Berührung des Fußes der Stimmgabel mit der Haut, umsetzen können — ganz ähnlich, wie die einseitige hysterische Blindheit mit Hilfe des Sehens mit dem anderen Auge verschwinden kann. In Bezug auf das Experiment von Rinne wurde schon unter II auf die Möglichkeit hingedeutet, daß der Gefühlseindruck der Vibrationen der aufgesetzten Stimmgabel das Erscheinen der akustischen Wahrnehmung dieser Vibrationen veranlassen kann. Man begreift in der That leicht, daß bei dem heute allgemein anerkannten Charakter der hysterischen Anästhesie die Ueberlagerung des taktilen Eindrucks über den akustischen die Einheit der nervösen Associationscentra zu durchbrechen vermag, welche vorher die Erregung verhinderte, bewußt zu werden.

Diese Erklärung scheint mir viel rationeller als die Annahme, zu welcher v. Stein zu neigen scheint, der Möglichkeit der Transmission des Tons durch die Gefühlsnerven.

Was die klinischen Modalitäten betrifft, welche in der Hysterie die Anästhesie im allgemeinen zeigt, so scheint es mir hinreichend, zwei Kategorien solcher Kranken anzunehmen, und nicht drei, wie es Janet thut: 1) Kranke, bei denen man das Vorhandensein der halbbewußten Perception erkennt, also nachweisen kann, daß auf irgend eine Weise eine Form der Perception zustande kommt; 2) Kranke, bei denen das Vorhandensein irgend einer Perception nicht nachweisbar ist. Bei dem Gesichts- und Stimmorgane z. B. gehören zur ersten Gruppe Amaurose oder Stummheit mit Erhaltung der Pupillenreaktion oder der Bewegung der Stimmbänder, zur zweiten Amaurose oder Stummheit mit Aufhebung der Bewegungen der Iris oder der Stimmbänder. In der ersten Gruppe muß die Anästhesie als weniger schwer betrachtet werden, denn sie zeigt nur psychischen Charakter, während in der zweiten noch ein funktioneller peripherischer Defekt hinzukommt.

Auch beim Gehörorgan können wir eine ähnliche Unterscheidung machen. Wir haben Fälle gesehen, bei denen die Anästhesie einen auffallend psychischen Charakter zeigte: das D. V. z. B. war bei den einseitigen Formen nicht lateralisiert, und in anderen erschien sie auch mit peripherischem Charakter (D. V. am besseren Ohr u. s. w.). Diese beiden Arten von akustischer Anästhesie kann man auch durch Suggestion hervorbringen, wie es die folgenden, von mir ausgeführten Experimente beweisen:

B. Tersilla, 17 Jahre alt, hyster. Person, wird leicht durch Druck auf die Augäpfel eingeschläfert, und es wird ihr suggeriert, nach dem Erwachen rechterseits eine halbe Stunde lang taub zu sein. In der That ist sie nach dem Erwachen auf dem rechten Ohre taub, aber die Ohrmuschel ist nicht anästhetisch; die Stimmgabel auf dem Scheitel wird nicht lateralisiert; weder die Uhr noch die schwingende tiefe Stimmgabel auf dem rechtsseitigen Proc. mastoideus werden gehört.

Bei dieser Kranken war also die hervorgerufene akustische Anästhesie rein psychisch; das D. V. hätte am gesunden Ohr lateralisiert sein müssen, war es aber nicht; die stark tickende, an den Proc. mastoideus der rechten Seite angelegte Uhr hätte durch die Knochen hindurch von dem gesunden Ohre gehört werden müssen; die tiefe, vibrierende Stimmgabel auf dem Proc. mastoideus hätte wenigstens als Gefühlseindruck wahrgenommen werden müssen. Offenbar abstrahierte die Kranke von den Eindrücken, welche auf das rechte Ohr wirkten. Sie verhielt sich also in diesem Falle wie eine Simulierende.

Eine nicht nur psychische, sondern auch peripherische Anästhesie wurde dagegen in folgendem Falle erhalten:

C. S., ein Mädchen von 18 Jahren, schmächtig, zart. Erbliche nervöse Anlage in der Familie. Sie ist schweren hysterischen Anfällen unterworfen, die einige Stunden dauern. Klagt über Kopfschmerz, Epigastralgie, Rhachialgie. Jetzt zeigt sie nicht mehr auffallende Anästhesien der Haut, der Conjunctiva, des Schlundes. Leichte Hyposmie links, beiderseitige Hypakusie. Hyperästhesie der Ovarien. D. V. nicht lokalisiert. Uhr (beiderseits) 2,50 m, Flüsterstimme 1,50 m.

Durch Druck auf die Augäpfel gerät die Kranke mit größter Leichtigkeit in hypnotischen Schlaf. Man suggeriert ihr, sie werde beim Erwachen auf dem linken Ohr eine Stunde lang taub sein. In der That zeigt sie beim Erwachen links vollständige Taubheit, aber mit den Charakteren einer peripherischen Affektion des Gehörorgans. D. V. rechts, keine tiefe Stimmgabel wird links durch die Luft wahrgenommen; Uhr schwach durch Berührung und Konversationsstimme auf 1 m. Die Wahrnehmung der Uhr und der Stimme wird von der Kranken auf das rechte, mit einem Finger verschlossene Ohr bezogen. Kein Schwindel, keine subjektiven Geräusche. Es ist bemerkenswert, daß gleichzeitig mit der Taubheit vollständige, nicht suggerierte Anästhesie der Haut der Ohrmuschel und der linken Präaurikulargegend eintrat, welche gegen den Hals und die Wange gut abgegrenzt war.

Der rein psychische Charakter, den die durch Suggestion erzeugte Anästhesie zeigen kann, erscheint sehr scharf in einigen Experimenten von BERNHEIM[270]. Es scheint zweckmäßig, einige davon anzuführen.

Ein Kollege suggerierte einer eingeschläferten Frau, bei ihrem Erwachen würde sie den Dr. BERNHEIM nicht mehr sehen, er würde weggegangen sein und seinen Hut vergessen haben. Als sie erwachte stellte sich B. ihr gegenüber. Sie wurde gefragt: wo ist Dr. B.? Sie antwortete: er ist weggegangen, hier ist sein Hut. B. sagte zu ihr: Hier bin ich, ich bin nicht weggegangen, Sie kennen mich gut. Sie antwortete nicht. Nach 5 Minuten setzte sich B. neben sie und fragte sie: Sind Sie schon lange vom Dr. weggegangen? Sie antwortete nicht, als ob sie ihn weder gehört noch gesehen hätte. Eine andere Person fragte sie dasselbe und sie antwortete zugleich. B. hielt ihr die Hände vor die Augen, wie um sie zu erschrecken: sie bewegte kein Augenlid.

Ein anderes Beispiel: BERNHEIM suggerierte einer Kranken, beim Erwachen würde sie ihn weder sehen noch hören. In der That sucht sie ihn nach dem Erwachen, er mag sich zeigen soviel er will, ihr in die Ohren schreien, er sei da, ihr die Hand kneipen, die sie zurückzieht, aber ohne die Ursache dieser Empfindung zu entdecken. Die Gegenwärtigen sagen ihr, B. sei da, er spreche zu ihr; sie sieht ihn nicht und glaubt, die Gegenwärtigen wollten mit ihr Scherz treiben.

Weiterhin stellt BERNHEIM fest, ebenso wie die durch Suggestion erzeugte, sei auch die hysterische Anästhesie von psychischem Charakter; der durch die Suggestion Taube hört, wie der durch die Suggestion Blinde sieht, aber er neutralisiert jeden Augenblick den wahrgenommenen Eindruck durch seine Einbildung und ist überzeugt, nicht gehört zu haben.

Es handelt sich also bei der hysterischen Anästhesie um eine Verminderung des Bewußtseins, um etwas ganz Aehnliches wie die Zerstreutheit, und in der That, wenn man bei manchen Kranken die funktionelle Prüfung des Gehörorgans ausführt, erhält man den Eindruck, als hätte man es eher mit einer zerstreuten als mit einer anästhetischen Person zu thun. Ein typisches Beispiel dieses Verhaltens wurde uns von einer Kranken geliefert; es war schwer, ihre Aufmerksamkeit einige Zeit lang festzuhalten und genaue Antworten zu erhalten; sie war wie betäubt.

Die hier angeführten Betrachtungen zeigen, daß die akustische Anästhesie etwas schwer zu Definierendes, besonders schwer Meßbares ist; einer der wichtigsten Charaktere der hysterischen Taubheit ist ihre Variabilität.' Im ganzen verhält sich eine Hysterische oft wie eine Simulierende; aber, wie CHARCOT bemerkt, sie simuliert nicht, weil es ihr an

Verschlagenheit fehlt, die der echte Simulierende besitzt. Sie nimmt die Dinge, wie sie ihr zukommen, ohne darüber nachzudenken.

Anfang, Dauer und Beendigung der hysterischen Taubheit.

Wenn man die von uns gesammelten und beschriebenen Fälle von hysterischer, akustischer Anästhesie und Hypästhesie überblickt, bemerkt man, daß die Art des Auftretens und des Verlaufs dieser Anästhesien sehr verschieden sein kann, besonders nach der Ursache, die sie hervorbringt. Obgleich man aber keine absoluten Regeln hierüber angeben kann, darf man doch einige Unterscheidungen aufstellen.

Was den Anfang betrifft, so bemerken wir sogleich, daß in einer Reihe von Fällen das Auftreten der Taubheit langsam und gradweise erscheint, so daß man keinen bestimmten Zeitpunkt angeben kann.

In den Fällen von allgemeiner Hemianästhesie ist die Taubheit nur ein Symptom derselben, erscheint, bessert sich, erscheint wieder und verschwindet zugleich mit ihr; sie tritt zuweilen nach einem Anfall oder mit stürmischen Symptomen auf, bisweilen dagegen langsam und unmerklich.

Langsam pflegen sich die akustischen Hypästhesien auszubilden, die an lokale Affektionen des Ohrs mit chronischem Verlauf gebunden sind.

In einer anderen Reihe von Fällen tritt die Taubheit mehr oder weniger plötzlich auf; dann handelt es sich gewöhnlich um wesentliche akustische Anästhesie, die nicht von organischen Gehörleiden abhängt. Nach einem Trauma erscheint die Taubheit entweder sogleich oder erst einige Stunden oder Tage nach dem Zufalle, zugleich mit dem charakteristischen Krankheitsbilde der traumatischen Neurose; schnell ist auch der Anfang der hysterischen Neurose bei Infektionskrankheiten, sowie die durch Helminthiasis, durch plötzliche Unterdrückung der Regeln u. s. w. hervorgerufene.

Ein gutes Hilfsmittel zur Diagnose bietet uns eben diese Art des Anfangs der Taubheit in einer besonderen Kategorie von Fällen, in denen die Taubheit plötzlich infolge einer heftigen Gemütsbewegung oder eines typischen hysterischen Anfalls auftritt. Die Dauer der Taubheit ist sehr verschieden, von einer oder einigen Stunden bis zu vielen Tagen, Monaten und Jahren; in seltenen Fällen ist die Taubheit, solange man den Kranken beobachten konnte, überhaupt nicht verschwunden.

In vielen Fällen hört die Taubheit auf mit dem Aufhören der Ursache, die sie hervorgerufen hat, oft aber nicht unmittelbar nachher, sondern nach einigen Stunden oder Tagen; andere Male, besonders wenn keine deutliche Ursache vorliegt, verschwindet sie ebenfalls ohne wahrnehmbaren

Grund, worauf ein anderes Symptom der Neurose an ihre Stelle tritt. Sie verschwindet plötzlich, besonders nach einem Anfall, oder bessert sich allmählich.

Unter 35 Fällen von akustischer Hyp- und Anästhesie, deren Diagnose sicher und deren klinische Geschichte mit den nötigen Einzelnheiten aufgezeichnet war, ist Heilung 28 mal angegeben. In vier Fällen war die Heilung nicht beobachtet worden; in drei weiteren Fällen ist der fernere Verlauf unbekannt geblieben.

Aus diesen Zahlen sieht man, daß im allgemeinen die Prognose der hysterischen Taubheit als günstig zu betrachten ist.

Sensibilität der Haut und der Schleimhäute.

Bei der akustischen Anästhesie von hysterischem Charakter kann das Verhalten der Sensibilität der Haut und der Schleimhäute wichtige diagnostische Anzeichen liefern. Um die für diese Arbeit gestellten Grenzen nicht zu überschreiten, beabsichtigen wir auf den folgenden Seiten nur von der Sensibilität der Haut der Ohrmuschel, des äußeren Gehörgangs mit dem Trommelfell und von der taktilen Empfindlichkeit der Schleimhaut der ersten Luftwege zu handeln (Höhlen der Nase, des Mundes, des Larynx und Pharynx).

Ehe ich beginne, über die taktile, thermische und schmerzhafte Hyp- und Anästhesie bei Hysterie zu sprechen, habe ich auch bei dieser Form der Sensibilität an das zu erinnern, das über die Charaktere der akustischen Anästhesie gesagt worden ist. Die verschiedenen Modifikationen der Sensibilität stellen äußerst wechselreiche, oft flüchtige Erscheinungen dar, welche sich auch durch eine genaue Untersuchung schwer bestimmen lassen; der mit dieser Untersuchung verbundene Reiz genügt bisweilen für sich allein, um die Sensibilität an Stellen, wo sie zuerst erloschen schien, wieder erscheinen zu lassen. Wir befinden uns also gewöhnlich vor einer Manifestation psychischer Art, mehr vor einer Art von Zerstreutheit, als vor einer echten Anästhesie.

Wie verhält sich bei hysterischer Taubheit die taktile Empfindlichkeit der Ohrmuschel, des äußeren Gehörgangs und des Trommelfelles auf der entsprechenden Seite? Um diese Frage gehörig zu beantworten, muß man scharf zwischen den Fällen unterscheiden, in denen die akustische Anästhesie an allgemeine, sensitiv-sensorielle Hemianästhesie gebunden ist, und solchen, in denen sie als Erscheinung für sich auftritt, ohne mit anderen Symptomen der Neurose in Verbindung zu stehen.

Wenn die akustische Anästhesie mit allgemeiner Hemianästhesie zusammenhängt, ist die Abnahme oder Aufhebung der specifischen Sensibilität gewöhnlich von einem ähnlichen Verhalten der verschiedenen Arten der taktilen Sensibilität der Ohrmuschel und des Gehörgangs begleitet. BRIQUET[47] sagt in der meisterhaften Beschreibung, die er in seinem Werke von der Taubheit in Verbindung mit allgemeiner Hemianästhesie liefert, gewöhnlich sei die Haut der Ohrmuschel und des äußeren Gehörgangs anästhetisch und habe keine Empfindung von Stichen oder von der Berührung des Körpers. Die gegenüberliegende Ohrmuschel bewahre dagegen ihre ganze Empfindlichkeit. FÉRÉ[63] nimmt an, wie wir schon sagten, es bestehe ein konstantes Verhältnis zwischen der Unempfindlichkeit der Haut und der des Gehörs. WALTON[65] tritt dieser Ansicht bei.

PITRES[22] leugnet dagegen das Vorhandensein eines konstanten Verhältnisses zwischen diesen beiden Arten von Sensibilität.

In den otologischen Arbeiten wird diese Frage nicht erwähnt; POLITZER spricht jedoch von der taktilen Hyperästhesie der Haut der Ohrmuschel bei Hysterie.

Eine Reihe von genauen Beobachtungen über diesen Punkt sind in der Monographie von LICHTWITZ[70] enthalten; in den Folgerungen bemerkt der Autor jedoch, oft fehle jedes Verhältnis zwischen der Sensibilität der Haut und der akustischen.

Aus meinen persönlichen Beobachtungen geht hervor, daß in vier Fällen unter fünf (und der fünfte bildet keine Ausnahme von der Regel, wie wir weiterhin sehen werden) die Modifikation der taktilen Sensibilität der Ohrmuschel und des Gehörgangs zu der Modifikation des Gehörs im Verhältnis stehen. Wenn wir auch die Fälle von LICHTWITZ berücksichtigen, können wir also schließen, daß bei Hemianästhesie von hysterischem Charakter das Verhalten der akustischen Sensibilität nicht eng und immer an ein entsprechendes Verhalten der verschiedenen Formen der taktilen Sensibilität der Ohrmuschel, des Gehörgangs und des Trommelfelles gebunden ist; aber gewöhnlich besteht ein Verhältnis zwischen der akustischen und taktilen Sensibilität.

Zu ähnlichen, aber auf breitere Basis gegründeten Schlüssen gelangen wir, wenn wir die Fälle von hysterischer Taubheit prüfen, welche nicht an Hemianästhesie gebunden sind, sondern als isolierte Erscheinungen der Neurose auftreten.

Wenn wir unter diesem Gesichtspunkte die in der Litteratur aufgezeichneten Fälle dieser Art studieren, bemerken wir, daß bei vielen von ihnen das Verhalten der taktilen Sensibilität im Vergleich mit der akustischen überhaupt nicht erwähnt wird. Wenn wir solche Fälle übergehen, die auf unseren Gegenstand kein Licht werfen, finden wir andere, in denen die einzelnen Autoren genaue und hinreichend vollständige Einzelheiten angeben. MOOS[81, 82] lenkt die Aufmerksamkeit auf die Wichtigkeit, welche die Abänderungen der Hautsensibilität im Vergleich mit der akustischen haben können, und steht nicht an, offenbar mit Unrecht, die Ursache der akustischen Hyperästhesie in der abnormen Zunahme der taktilen Sensibilität des Gehörgangs zu suchen. In einem seiner Fälle wird Hyperästhesie der Gesichtshaut angegeben.

KRAKAUER [91] brachte es bei einer seiner Kranken mit akustischer Anästhesie durch Suggestion dahin, daß die taktile Anästhesie sogar von der des Trommelfells begleitet wurde.

Die Beziehungen zwischen der akustischen und der taktilen Sensibilität sind in den verschiedenen Fällen ziemlich abweichend, wie man aus der Aufzählung der folgenden Kategorien sehen kann:

1) Im Verhältnis stehende Verminderung der akustischen und taktilen Sensibilität.

2) Abnahme der akustischen Sensibilität ohne verhältnismäßige Abnahme der taktilen.

3) Abnahme der einseitigen taktilen und der beiderseitigen akustischen Sensibilität.

4) Abnahme der akustischen Sensibilität vorwiegend auf einer Seite, der taktilen auf der anderen.

5) Abnahme der Sensibilität an den Gliedern und einseitige Hypakusie.

Aus dem Gesagten können wir schließen, daß auch in den Fällen von hysterischer Taubheit, die ein einzelnes Symptom der Neurose darstellen, wie in den mit allgemeiner Hemianästhesie verbundenen, die beiden Arten von Sensibilität, die akustische und die taktile, oft ein ähnliches Verhalten zeigen, daß aber Modifikationen der einen nicht notwendig an Modifikationen der anderen gebunden sind.

Dasselbe wird uns auch durch die Resultate einiger Experimente bewiesen.

Eine meiner Kranken, welche durch Suggestion im hypnotischen Zustande auf dem rechten Ohre taub geworden war, zeigte neben der akustischen Anästhesie keine taktile Anästhesie der Ohrmuschel. Eine andere, ebenfalls durch Suggestion in der Hypnose taub gewordene Kranke zeigte zugleich mit der Taubheit vollständige, nicht suggerierte Anästhesie der Haut der Ohrmuschel und der linken präaurikularen Gegend, welche nach dem Halse und der Wange hin gut abgegrenzt war.

Je schwerer die Anästhesie bei Hysterie ist, in desto höherem Grade zeigt sie peripherischen Charakter, und desto mehr leiden dabei die verschiedenen Arten von Sensibilität einer bestimmten Körpergegend: wenn sie dagegen leicht ist, so bietet sie gewöhnlich nur psychische Charaktere dar, und dann beobachtet man leicht die Trennung der specifischen Sensibilität von der taktilen.

Ein typisches Beispiel einer solchen Trennung bietet der Fall eines von mir beobachteten Mädchens dar, bei welchem die Caries eines Zahns akustische und taktile Hypästhesie des Ohrs der entsprechenden Seite veranlaßt hatte. Infolge der Ausziehung des kranken Zahns verschwand nach und nach die akustische Hypästhesie, aber die taktile blieb zurück.

Hier scheint es passend, auf eine von Gellé aufgestellte Theorie über die Bedeutung der taktilen Sensibilität der beiden Trommelfelle zum Erkennen der Richtung der Töne hinzuweisen.

An einem zur Hospitalabteilung Charcot's gehörenden Kranken, der allgemeine Anästhesie zeigte, hatte Gellé[265] vollständige Anästhesie der beiden Trommelfelle neben vollkommener Unversehrtheit des Gehörs beobachtet. Der Ton einer Uhr wurde wahrgenommen, aber es fehlte, wenn nicht das Gesicht zu Hilfe genommen wurde, die Kenntnis der Richtung, aus welcher der Ton herkam; die Orientierung nach rechts und links war unmöglich. Gellé schließt daraus, daß, wenn einem gut hörenden (hysterischen?) Individuum das Gesicht genommen wird, dieses die genaue Richtung der wahrgenommenen Töne nicht bestimmen, noch angeben kann, ob es mit dem rechten oder linken Ohr hört, wenn die beiden Trommelfelle anästhetisch sind. Die Orientierung entsteht also aus einer taktilen Empfindung; das fünfte Nervenpaar kommt dem Acusticus zu Hilfe.

Die hier vorgetragene Theorie von Gellé widersteht jedoch nicht der Prüfung der Thatsachen. Schon Lichtwitz[70], gelang es, sie durch eine der von Gellé zu ihrer Aufstellung verwendeten ähnliche Beobachtung zu widerlegen.

Es handelt sich um einen Mann von 23 Jahren mit neurotischen Antecedentien, welcher zugleich mit anderen hysterischen Symptomen vollständige Anästhesie beider Trommelfelle zeigte, ohne akustische Hypästhesie. In diesem Falle war die Orientierung des Gehörs vollkommen.

Lichtwitz schließt, und nach meiner Meinung mit Recht, daß diese Thatsache allein genügt, um die Gellé'sche Hypothese zu stürzen. Er glaubt die von letzterem beobachtete Thatsache erklären zu können, indem er bei dessen Kranken einen Verlust des Muskelsinns des ganzen Körpers annimmt. Lichtwitz führt zur Stütze dieser seiner Ansicht eine Kranke von Pitres an, bei welcher der Muskelsinn fehlte. Wenn sie z. B. mit geschlossenen Augen im Bette lag, wußte sie nicht, ob sie auf der rechten oder linken Seite lag.

Diese Kranke, mit wohlerhaltener Sensibilität beider Trommelfelle, konnte die Richtung, aus der ein Ton kam, nicht angeben. Auch dieser von L. mitgeteilte Fall hat nach meiner Meinung keine Beweiskraft, denn man scheint keine genaue Prüfung der Gehörschärfe auf beiden Seiten angestellt zu haben; wohl aber schließt man aus einem Ausdruck der klinischen Geschichte, daß die Kranke angab, rechterseits schlecht zu hören, und dies macht das Vorhandensein einer Ungleichheit des Hörvermögens auf beiden Seiten sehr wahrscheinlich.

Uebrigens ist die Frage nach der Entstehung der sogenannten Paracusis loci, nach der mangelnden Orientierung für die Geräusche, schon längst beantwortet, und es wäre seltsam, wollte man, gestützt auf so schwer zu deutende Phänomene, wie die mit der hysterischen Neurose verbundenen, eine pathogenetische Ansicht umstürzen, deren Richtigkeit man jederzeit sowohl an Gesunden als an gehörkranken Individuen durch leicht anzustellende Experimente nachweisen kann. Die hierüber von Venturi angestellten, später von Politzer bestätigten Untersuchungen haben bewiesen, daß unser Urteil über die Richtung der Töne wesentlich durch das Hören mit beiden Ohren bestimmt wird, und obgleich man zugeben muß, daß es auch unter normalen Umständen nicht immer ganz sicher ist, so steht es doch fest, daß wir den Grad der Sicherheit, den wir besitzen, dem Hören mit beiden Ohren verdanken.

Die Richtung des Tons wird durch die Ungleichheit der Stärke der tönenden Wahrnehmung auf beiden Seiten beurteilt.

Um uns nun auf denselben Boden zu stellen wie Gellé, wollen wir hinzufügen, daß wir bei einer Kranken neben einer Aufhebung der taktilen Sensibilität beider Trommelfelle vollkommene Orientierung für die Töne beobachten konnten.

Taktile Sensibilität der Schleimhaut des Auges, des Mundes und Schlundes, der Nase und des Larynx.

Die Abänderungen der taktilen Sensibilität der Schleimhäute bilden einen der am besten studierten Charaktere der Hysterie.

Briquet[277] behauptet, die Anästhesie der Conjunctiva, besonders der linken, finde sich so häufig, daß man selten eine Hysterische antreffe, die deutlich die Berührung des Fingers oder eines Nadelkopfs fühle, den man über die Conjunctiva der Sclerotica des linken Auges hinführt. Dieser Autor hält sogar diese Gefühllosigkeit für so konstant, daß sie ein charakteristisches Symptom der Neurose darstelle.

Henrot[278] und Rabenau[279] sprechen auch von der Häufigkeit der Anästhesie der Conjunctiva. Die Hypästhesie der Schleimhaut des Pharynx und des Mundes in Fällen von Hysterie wird in den meisten Abhandlungen über die Pathologie dieser Teile erwähnt. Man erkennt jedoch im allgemeinen an, daß Verminderung der taktilen Sensibilität des Pharynx auch bei Anämie und Chlorose vorkommt. Mosse[280] und Cartaz[225] halten sie nicht für ein konstantes, besonderes Zeichen der Neurose. Lichtwitz teilt die Resultate seiner Beobachtungen über diesen Gegenstand ausführlich mit und schließt, daß die Conjunctiva ziemlich häufig von Anästhesie betroffen wird, und zwar nur die Schleimhaut, welche immer den Typus der Hemianästhesie der Haut zeigt. Die Cornea ist auf der kranken Seite niemals vollkommen anästhetisch, sie zeigt immer nur Hypästhesie. Unter 14 von mir beobachteten Fällen war die Sensibilität der Conjunctiva und Cornea bei 7 aufgehoben, bei 3 geschwächt, in 1 übermäßig und in 3 normal. Die des Pharynx war aufgehoben in 4 Fällen, geschwächt in 2, übermäßig in 3 und normal in 5 Fällen.

Die Sensibilität der Nasenschleimhaut wurde in allen meinen Fällen normal oder erhöht gefunden, niemals aufgehoben. Diese Resultate stimmen mit den von LICHTWITZ angegebenen überein; ohne konstant zu sein, ist die Abnahme oder Aufhebung der Sensibilität der Conjunctiva in der Hysterie ein ziemlich häufiges Symptom. Weniger oft findet man Störungen der Sensibilität der Schleimhaut des Schlundes und Mundes, ziemlich selten solche an der Nase und dem Larynx.

Man darf jedoch nicht glauben, die Verminderung oder Aufhebung der taktilen Sensibilität der Conjunctiva oder des Pharynx fänden sich ausschließlich bei Hysterie; man trifft sie auch außerdem nicht nur bei anämischen und chlorotischen Personen, sondern auch als besondere, individuelle Eigenschaften bei gesunden Individuen. Vergleichende Untersuchungen, die ich in dieser Beziehung auch bei älteren Frauen und jungen Männern angestellt habe, ließen mich das unerwartete Vorhandensein von mehr oder weniger deutlichen Abweichungen in der taktilen Sensibilität der Scheimhaut der Conjunctiva und des Pharynx erkennen. Bei 15—20-jährigen Mädchen. die kein hysterisches Stigma zeigen, findet man oft, daß die erste Berührung der Sonde an den Tonsillen, am weichen Gaumen, an der hinteren Wand des Pharynx nicht bemerkt wird, und die Sensibilität scheint erst bei der zweiten oder dritten Berührung zu erwachen.

Das Studium des Verhaltens der Sensibilität der Schleimhäute bei Hysterie läßt ferner folgende zwei Eigentümlichkeiten erkennen, von denen die erste auch von LICHTWITZ ([70], S. 54) bemerkt worden ist.

1) Die der Haut am nächsten liegenden Teile der Schleimhäute verhalten sich in Bezug auf ihre taktile Sensibilität auf ähnliche Weise, wie die Haut selbst. Wenn also diffuse Hautanästhesie vorhanden ist, so kann an ihr eher die Schleimhaut des vorderen Teiles der Nasenlöcher als des tieferen teilnehmen, die Schleimhaut des Mundes und des Pharynx eher, als die des Larynx. Dieses Gesetz gilt, wie wir sahen, auch für die Haut, welche den Gehörgang in seinem knorpeligen und knöchernen Teile auskleidet, sowie für das Trommelfell.

2) Organische Alterationen, welche die Schleimhäute betreffen, können auch die Charaktere der Neurosen abändern, von denen sie befallen sind. Ich habe in einem Falle gesehen, daß die organischen Läsionen des Augengrundes, die rechts schwerer waren, als links, nur für diesen Sinn auf

der rechten Seite vorwiegende Lokalisation der Neurose hervorgebracht hatten. Ich beobachtete ferner, daß entzündliche Reizung der Schleimhaut des Pharynx die Anästhesie dieser Schleimhaut zum Verschwinden bringen, sie sogar in Hyperästhesie verwandeln kann. In der ersten Beobachtung von LICHTWITZ (vom 30. Oktober) wird mitgeteilt, daß der weiche Gaumen und die hintere Wand des Pharynx, die bei früheren Untersuchungen unempfindlich gewesen waren, infolge des Auftretens einer heftigen Angina ihre Sensibilität wiedergewonnen hatten. In seinen Beobachtungen II, XII und XVI ist das Vorhandensein einer echten Hyperästhesie des Pharynx mit Zunahme der örtlichen Reflexe, begleitet von chronischer Pharyngitis, mitgeteilt.

Aehnlich ist es mit der Haut; in einen meiner Fälle unterhielt das chronische Ekzem des Gehörgangs linkerseits übermäßige Sensibilität der Haut dieser Teile, obgleich auf eben dieser Seite allgemeine Hemianästhesie bestand.

Die Otalgien von hysterischem Charakter.

So oft man das Symptom Ohrenschmerz antrifft, und wenn es nicht an eine objektiv nachweisbare Läsion des Gehörorgans gebunden ist, spricht man von Otalgie. Die Otalgie hat jedoch, wie wir in der Folge sehen werden, durchaus nicht immer dieselbe klinische Bedeutung. Bisweilen ist der Ohrenschmerz nur eine Ausstrahlung von benachbarten, wegen irgend einer organischen Läsion schmerzhaften Teilen (Caries eines Zahnes, entzündliche oder neoplastische Affektionen der oberen Luftwege), andere Male kann man eine Läsion der benachbarten Organe mit Sicherheit nicht erkennen, um den Schmerz zu erklären: die Otalgie ist idiopathisch.

Andererseits ist es bekannt, daß die von dem Symptom Schmerz begleiteten organischen Affektionen des Ohrs sich unter zwei Abteilungen bringen lassen: eiterige, akute oder subakute Entzündung des Mittelohrs und akute, diffuse oder umschriebene Entzündungen der Wände des äußeren Gehörgangs (Furunkulose). Beide Formen sind gewöhnlich durch einfache objektive Untersuchung leicht zu erkennen; ihre Diagnose läßt keine Zweideutigkeiten zu.

Wenn man die otologischen Abhandlungen über die Ursachen der Otalgie zu Rate zieht, findet man, daß alle Autoren darin übereinstimmen, dieses Symptom hänge von Caries eines Zahns oder von irgend einer schmerzhaften Läsion der Schleimhaut des Mundes, des Pharynx oder des Larynx ab. (Ausserdem Lues, Intermittens etc.)

Was die anscheinend idiopathische Form betrifft, so nennen einige unter den Ursachen die Anämie (TOYNBEE[30], ROOSA[286], GELLÉ[283], KIRCHNER[287]), andere sprechen von Störungen der Sexualorgane

(PAGENSTECHER[281]), noch andere endlich führen die Hysterie ausdrücklich als mögliche Ursache der Otalgie an (POLITZER[282], LADREIT DE LA CHARRIÈRE[285], ROHRER[289], URBANTSCHITSCH[291], SCHWARTZE[284], WALB[292], HAUG[290]); aber auch diese letzteren Autoren erwähnen die Hysterie nur flüchtig, während sie eine lange Aufzählung von pathogenen Ursachen geben.

Unter den in der Litteratur mitgeteilten Fällen von Otalgie sind einige, welche sicher auf Hysterie zu beziehen sind. So erzählt LADREIT DE LA CHARRIÈRE von einer hysterischen Frau, welche an Erstickungsanfällen und Ohrenschmerzen litt, die in den Menstrualperioden eintraten. URBANTSCHITSCH berichtet über eine von ihm behandelte Frau, welche fast täglichen Anfällen von Otalgie ausgesetzt war, die durch Klimawechsel verschwanden. TOYNBEE erzählt von einem blassen Mädchen von 23 Jahren, welches seit einem Jahre infolge übermäßiger Anstrengungen an neuralgischen Schmerzen am linken Ohr litt, während das Gehör fast normal geblieben war. Ruhe, allgemeine hygienische Behandlung, Darreichung von Chininsalzen stellten die Kranke wieder her.

POLITZER teilt einen Fall von Otalgie mit, in dem die Anfälle sich seit 10 Jahren monatlich am linken Ohre wiederholten und mit einem mehrstündigen Schlafe endigten.

EITELBERG[288] unterscheidet die durch Affektionen der Zähne, des Pharynx und des Larynx hervorgerufenen und die idiopathischen Otalgien; aber er sagt nichts von Hysterie.

Den großen Einfluß, den die Hysterie, oder besser die Nervosität im allgemeinen auf die Entstehung des Symptoms Otalgie ausübt, erkennt man weniger gut aus den geringen Andeutungen der otologischen Abhandlungen, als aus den über diesen Gegenstand gesammelten statistischen Zahlen. GELLÉ hatte die Häufigkeit der Otalgie bei jungen Frauen bemerkt, welche an keiner Affektion des Gehörorgans litten. SZENES[294] zählt in einem Bericht über die otiatrische Klinik von BÖKE für 1887 unter 30 Fällen von Otalgie 20 Frauen und nur 7 Männer und fügt hinzu, offenbar ohne der Bedeutung seiner Beobachtungen in Bezug auf Hysterie Wichtigkeit beizulegen, diese Affektion finde sich vorzugsweise beim weiblichen Geschlecht und auf der linken Seite. So beobachtete dieser Autor in drei Jahren die Otalgie 64mal; rechts 21mal (32 Proz.), links 40mal (62 Proz.), beiderseits 3mal (4 Proz.). Dem Geschlecht nach waren es 21 Männer (32 Proz.) und 43 Frauen (67 Proz).

Eine Kranke von SZENES war typisch hysterisch und zeigte vollständige linksseitige Hemianästhesie.

Aehnlich sind die Resultate anderer Statistiken. Ich beschränke mich hier darauf, die Zahlen von einigen anzuführen, welche auf reichem

Beobachtungsmaterial beruhen, und bei denen das Geschlecht der Kranken berücksichtigt ist.

	Männer	Frauen
BUERKNER[295–297]	12 (22 Proz.)	41 (77 Proz.)
SCHUBERT[298]	28 (29 „)	67 (70 „)
KAYSER[302]	5 (31 „)	11 (68 „)

Wenn man die statistischen Zahlen der Bewegung der Kranken in der von mir geleiteten otiatrischen Abteilung der allgemeinen Polyklinik zu Turin betrachtet, findet man, daß im Jahre 1893 unter 1654 Ohrenkranken sich 41 Fälle von Otalgie (2,4 Proz.) befanden; im Jahre 1894 48 unter 2037 (2,3 Proz.), also in beiden Jahren ein merklich gleiches Verhältnis. BEZOLD[303] giebt die Zahl 2,7 Proz. von sämtlichen Ohrenkranken.

Was die Verteilung des Symptoms Otalgie auf beide Geschlechter betrifft, so erhält man folgende Zahlen, welche sich ebenfalls den von anderen Autoren angegebenen sehr nähern.

		Männer	Frauen
GRADENIGO	1893	14 (34 Proz.)	27 (65 Proz.)
„	1894	13 (27 „)	35 (72 „)

Wenn man die in den oben gegebenen Statistiken enthaltenen Zahlen summiert, erhält man im ganzen 319 Fälle von Otalgie, von denen 93 (29 Proz.) Männer, 226 (76 Proz.) Frauen betreffen.

Daraus folgt, daß man das Symptom Otalgie bei Frauen in mehr als doppelter Häufigkeit antrifft, als bei Männern.

Welches ist das Verhältnis der Fälle von idiopathischer Otalgie, also anscheinend sine materia, zu denjenigen, in denen das Symptom an nachweisbare Alterationen der dem Ohr benachbarten Teile gebunden ist? Hierüber kann uns die Statistik keine sehr genauen Angaben liefern, weil es sehr oft von der größeren oder geringeren Sorgfalt abhängt, ob der die objektive Prüfung ausführende Beobachter die organische Läsion entdeckt, welche die Otalgie verursacht. So sehen wir, daß in den Statistiken derselben Klinik, z. B. der von SCHWARTZE, die Ursachen der Otalgie durch sehr verschiedene Prozentzahlen dargestellt werden, ohne Zweifel wegen des Wechselns der Beobachter, welche die betreffenden Berichte zusammengestellt haben.

Hier folgen immerhin einige Ergebnisse.

SCHWARTZE[299–301]:

	Caries dent.	Pharyngitis	Ursache unbek.	im Ganzen
1889—90	41	7 (Ot. idiop.)	10	58
1890—91	29	7	3	39
1891—92	56	1 (+ Syphil. 1)	13 (+ Anäm. 2)	73
1892—93	50	10	4 (+ Anäm. 3)	67
	176	26	35	237
	(74 Proz.)	(10 Proz.)	(14 Proz.)	

Daraus sieht man, daß, trotz des großen Uebergewichtes der Otalgie infolge von Zahncaries über die anderen Formen, diese letzteren in den verschiedenen Jahren mit sehr verschiedenen Koëffizienten vorkommen. Die idiopathische Form (aus unbekannter Ursache) wechselt zwischen 5 Proz. (1892—93) und 17 Proz. (1889—90) von den sämtlichen Fällen von Otalgie; die Form der von Pharyngitis herrührenden von 1,3 Proz. (1891—92) bis 14 Proz.

Die Unterschiede sind noch größer, wenn man Statistiken anderer Autoren in Betracht zieht.

	Car. Zahn	Pharyngitis	Fremdkörper?	Anämie	Unbekannt	Summe
SCHUBERT[293]	29 (30 Proz.)	9 (9 Proz.)	3 (3 Proz.)	2 (2 Proz.)	52 (54 Proz.)	95
BEZOLD[303]	75 (45,1 „)	23 (14 „)	—	—	66 (40,2 „)	164

In der Statistik von SCHUBERT verliert die Zahncaries das numerische Uebergewicht, welches in den verschiedenen Statistiken von SCHWARTZE konstant erscheint, und tritt hinter die idiopathische Form zurück, welche über 50 Proz. aller Fälle ausmacht.

Folgendes sind die Zahlen meiner eigenen Statistik, nach Ursache, Geschlecht und Alter geordnet:

1893. Otalgien

	Männer			Frauen		
Alter	Caries	Pharyngitis	Urs. unbek.	Caries	Pharyngitis	Urs. unbek.
Jahre 11—20	2	—	—	2	1	2
„ 21—30	3	—	—	7	2	—
„ 31—40	2	3	—	5	2	—
„ 41—50	2	—	—	5	—	—
„ über 50	2	—	—	1	—	—
	11	3	—	20	5	2
1894						
„ 1—10	—	—	—	2	—	—
„ 11—20	2	—	1	7	2	2
„ 21—30	2	—	—	8	2	2
„ 31—40	2	2	—	3	1	—
„ 41—50	2	—	—	2	2	—
„ über 50	2	—	—	1	1	—
	10	2	1	23	8	4

Also, wenn man von Alter und Geschlecht absieht:

GRADENIGO:

	Zahncaries	Pharyngitis	Unbekannte Ursache	Summe
1893	31 (75 Proz.)	8 (18 Proz.)	2 (4 Proz.)	41
1894	33 (68 „)	10 (20 „)	5 (10 „)	48
	64 (71 Proz.)	18 (20 Proz.)	7 (8 Proz.)	89

Meine Ziffern stimmen mit denen aus SCHWARTZE's Klinik überein und bezeugen, daß in fast drei Vierteilen der Fälle die Otalgie durch Zahncaries verursacht wird; in dem letzten Vierteil ist entweder Pharyngitis die Ursache, oder diese läßt sich nicht bestimmt nachweisen.

Wenn wir, gestützt auf die Zahlen meiner Statistik, das Alter der an Otalgie leidenden Frauen betrachten, finden wir, daß mehr als die Hälfte aller Fälle (37 von 62) den beiden Decennien von 11 bis 30 Jahren angehören, während bei den Männern diese Erscheinung nicht auftritt, eher scheint ein leichtes Vorwiegen des Decenniums von 31 bis 40 Jahren vorzuliegen.

Aus der Gesamtheit der hier mitgeteilten Daten sieht man, daß zur Otalgie vorzugsweise Frauen in jugendlichem Alter prädisponiert sind. Offenbar begünstigen bei ihnen die leichte Impressionibilität, die größere Labilität des Nervensystems die Ausstrahlung des Schmerzes benachbarter kranker Teile auf das Ohr, die Otalgie. Wir werden später sehen, daß auch die anscheinend idiopathische Form oft bei neurotischen Personen in Verbindung steht mit leichten, bisweilen chronischen Affektionen des Pharynx und des Ohres selbst, die gewöhnlich bei Personen, deren Nervensystem sich im Gleichgewicht befindet, nicht von Schmerzen begleitet sind.

Wenn die Otalgie bei Personen mit hysteroidem Charakter ein häufiges Symptom ist, so nimmt sie bei Hysterischen besondere Schwere und Auffälligkeit an.

Es wird gut sein, hier einige klinische Geschichten anzuführen, die sich nach der Ursache unterscheiden, an welche die Otalgie gebunden war:

1) an Zahncaries;
2) an entzündliche, chronische oder akute Affektionen des Pharynx, des Larynx oder der Nase;
3) an organische Affektionen des Ohres selbst, die jedoch nicht imstande sind für sich allein das klinische Bild des Ohrenschmerzes zu rechtfertigen:
   a) Katarrhalische, chronische Otitis media.
   b) Purulente, subakute oder chronische Otitis media.
   c) Furunkulose des äußeren Gehörganges.

1. Otalgie infolge von Zahncaries.

Nach meinen Beobachtungen wird der von Zahncaries nach dem Ohre reflektierte Schmerz nicht eigentlich in dem Inneren des Ohres, sondern in der Nähe des Tragus und bisweilen an der Ohrmuschel lokalisiert. Der kranke Zahn, die Ursache der Otalgie, schmerzt manchmal nicht bei Berührung mit der Sonde; nach seiner Ausziehung pflegt die Otalgie ganz aufzuhören.

Bei einer meiner Beobachtungen an einem 15-jähr. hysterischen Mädchen verursachte die Caries des zweiten rechtsseitigen Backzahnes intensive Otalgie, Abschwächung des Gehörs, die binnen einiger Tage bis zu vollständiger Taubheit fortschritt, taktile Hypästhesie der Ohrmuschel, des Gehörganges und des Trommelfells. Auf die Ausziehung des Zahnes folgte während einiger Tage Verschlimmerung der nervösen Störungen. Später gelang es mittels der Metallotherapie die Taubheit und die Ohrenschmerzen zum Verschwinden zu bringen, nicht aber die taktile Anästhesie der Ohrmuschel, die während einer langen Beobachtungszeit zurückblieb.

2. Otalgie infolge von Affektionen des Pharynx, des Larynx und der Nase.

Ich besitze zahlreiche Beobachtungen von bisweilen leichten Läsionen des Pharynx mit chronischem Verlauf bei jungen Frauen, welche von mehr oder weniger starkem und dauerndem Ohrenschmerz begleitet waren. Gewöhnlich gelang es, durch örtliche Behandlung des Pharynx, die Ohrsymptome zu bessern oder zu beseitigen; in einem Falle verursachte eine Operation an einer Tonsille vorübergehende Verschlimmerung derselben.

3. Otalgien im Anschluß an Affektionen des Ohres.

Es ist bekannt, daß eine große Zahl von krankhaften Affektionen die das Ohr treffen (darunter besonders die chronische, katarrhalische Otitis media und die Otitis interna), nicht von dem Symptom „Schmerz“ begleitet sind. Nun ist es bemerkenswert, daß eben diese Affektionen, wenn sie sich bei hysterischen Personen entwickeln, mit ziemlich heftigen Schmerzen verbunden sein können. Ebenso bringen die entzündlichen, eiterigen Affektionen des mittleren oder äußeren Ohres nur während der akuten Periode Schmerz hervor, oder wenn der Eiter keinen freien Abzug nach außen findet. Aber bei hysterischen Personen können dieselben Affektionen von Schmerz begleitet sein, dessen Heftigkeit und Dauer ganz außer Verhältnis zu dem Grade und der Entwickelungsperiode der organischen Läsionen steht und das Vorhandensein ernster Komplikationen vermuten läßt, die in Wirklichkeit nicht da sind. In solchen Fällen kann es sehr schwierig sein, den an die organischen Läsionen gebundenen Schmerz von dem zu unterscheiden, der der Neurose zuzuschreiben ist.

Ich werde einige klinische Geschichten zur Stütze der obigen Betrachtungen mitteilen, indem ich sie einteile, je nachdem sie sich beziehen auf:

a) Otalgie durch Otitis media catarrhalis chronica,
b) „ „ Otitis media purulenta,
c) „ „ Furunculosis des äußeren Gehörganges.

a) Otalgie infolge von Otitis media catarrhalis chronica.

Mädchen von 17 Jahren. Leidet an schwerer, beiderseitiger Taubheit, veranlaßt durch die trockene Form der Otitis media. Leichte Pharyngitis. Sie leidet an Gastralgie, Magenkrampf, Kopfschmerz und konvulsiven Anfällen. Sie beklagt sich besonders über starke, anhaltende Ohrenschmerzen, welche nur vorübergehend durch die Luftdouche verschwinden.

In einem anderen Falle handelt es sich um eine Frau von 22 Jahren, die Anfällen von Konvulsionen unterworfen ist. Sie zeigt viele hysterische Stigmata; beklagt sich über starke Ohrenschmerzen. Die objektive Untersuchung zeigt Otitis media catarrhalis mit Einziehung der Membran. Pharyngitis.

b) Otalgie infolge von Otitis media purulenta.

Frau von 28 Jahren. Erblich tuberkulös und nervös. Im Mai 1891 heftige Otalgie links. Das Gehör war nur wenig abgeschwächt; es bestanden objektive Zeichen eines leichten Katarrhs des Mittelohres. Rhinopharyngitis hypertrophica. Die Paracentese des Trommelfelles wurde zum Zwecke der Entleerung des Exsudates ausgeführt, war fast schmerzlos und ließ die Otalgie sogleich aufhören. Nach 2 Stunden entwickelte sich jedoch ein anscheinend sehr schwerer Krampfanfall, welcher gegen 6 Stunden dauerte (Ohnmacht, Erbrechen, klonische Krämpfe, Schreien u. s. w.). Die Wunde im Trommelfell schloß sich nach 24 Stunden. Der Ohrschmerz erschien 2 Wochen lang nicht wieder und trat dann allmählich wieder auf trotz zweckmäßiger Lokalbehandlung. Darauf erschien Otitis acuta auf der rechten Seite; sobald die Schmerzen auf dieser Seite aufgetreten waren, verschwanden sie ganz auf der linken. Die durch die akute Otitis verursachten Schmerzen waren sehr heftig. Auf die Paracentese des Trommelfells und weitere operative Eingriffe, um die Oeffnung zu erweitern und den Ausfluß des Eiters zu erleichtern, folgte Besserung, aber nur für einige Stunden. Vollkommene Anorexie, Schlaflosigkeit. Die Kranke macht den Eindruck schweren Leidens. Am 10. Tage wurde die Regio mastoidea schmerzhaft, aber ohne objektive Veränderung. Aufgehobene Knochenleitung für Uhr. Das Fehlen des Fiebers, die plötzlichen Veränderungen im Zustande der Kranken ließen vermuten, daß die Erscheinungen nicht von den organischen Läsionen des Ohres allein abhingen, sondern mit dem nervösen Temperamente der Kranken in Verbindung ständen. Und in der That trat die vollkommene Heilung der Otitis nach ungefähr 4 Wochen ein. Gegen 1 Jahr später wurde ich an das Bett der Kranken von den Aerzten der Familie gerufen, welche infolge der Symptome an die Entwickelung einer otitischen Meningitis dachten. Die Schmerzen im linken Ohre waren wieder erschienen, mit starkem Fieber; es bestand Steifheit des Nackens, Erbrechen, Photophobie, schmerzhafte Hyperakusie. Das negative Resultat der otoskopischen Untersuchung, sowie das Ganze der Symptome gaben mir die Ueberzeugung, daß es sich auch diesmal um neurotische Symptome handle, und in der That trat bald vollständige Heilung ein, vorzüglich infolge einer allgemeinen tonischen Behandlung.

Später hatte ich Gelegenheit, die Kranke wiederzusehen, als sie über Schmerzen im rechten Ohr klagte, welche diesmal ausschließlich von Caries des zweiten oberen rechten Backenzahnes abhingen.

Dieser Fall bietet ein typisches Beispiel dafür, wie sämtliche drei oben angegebene Hauptformen der Otalgie nacheinander bei derselben Person angetroffen werden können, wenn sie zu Neurosen prädisponiert ist. Zuerst hing der Schmerz am linken Ohr von katarrhalischer Pharyngitis ab, dann war er auf der rechten Seite an akute, eiterige Otitis gebunden, und die zuletzt aufgetretene Otalgie war die Folge von Zahncaries.

c) Otalgie infolge von Furunkulose des äußeren Gehörganges.

Die Furunkulose des äußeren Gehörganges ist ein an sich sehr schmerzhaftes Leiden; die häufigen Rückfälle machen es oft zu einer schweren, hartnäckigen Krankheit. Bei neurotischen, besonders hysterischen Personen ist die Furunkulose ein besonders schweres Leiden, teils weil die Schmerzen und bisweilen die allgemeine Reaktion oft ihrer Heftigkeit nach zu den sie bedingenden, wirklichen entzündlichen Erscheinungen in gar keinem Verhältnis stehen, teils weil auch nach dem Vorübergehen der akuten Periode örtlich verschiedenartige Parästhesien und lebhaftes Jucken fortbestehen, die den mit geringerer Widerstandskraft als der Gesunde begabten Neuropathischen fast unwiderstehlich dazu verleiten, zu kratzen, zu reiben und so neue Läsionen hervorzubringen. Und wir wissen jetzt sehr gut, daß das Kratzen, welches das Eindringen pyogener Keime in die Tiefe begünstigt, der gewöhnlichste, den Furunkel veranlassende Vorgang ist.

In einem von mir beobachteten Falle von chronischem Ekzem am linken Gehörgange, das sich vor ungefähr einem Monate mit Furunkeln kompliziert hatte, litt die Kranke schwer an Otalgie und an Schmerzen, die nach der entsprechenden Seite des Gesichts und Halses ausstrahlten.

In einer klinischen Notiz lenkte Trifiletti [93] auf die Bedeutung hin, welche Ekzem und Furunkulose des äußeren Gehörganges bei Personen erhalten kann, die an Neurasthenie und Hysterie leiden. Die örtlichen Symptome beständen in mehr seröser, als eitriger Infiltration.

Ich glaube nicht, daß es sich in den von Trifiletti beschriebenen Fällen um eine besondere Art der Furunkulose handelte, mit anderen anatomisch-pathologischen Zuständen, als in der echten Furunkulose, wie er annehmen möchte. Wahrscheinlich lag die gewöhnliche Krankheitsform vor, welche bei neuropathischen Personen von Reaktionserscheinungen begleitet ist, die nicht im Verhältnis zu der Schwere der organischen Läsionen stehen.

IV. Hysterogene Zonen des Gehörorganes.

Die Wichtigkeit des Gehörorganes für die tierische Oekonomie, die innige Verbindung zwischen ihm und den verschiedenen Teilen des Organismus erklären es, daß dieses Organ auch unter vollkommen physiologischen Zuständen den Ausgangspunkt einer zahlreichen, verschiedenartigen Reihe von Reflexwirkungen bildet. Es würde zu weitläufig sein und der Art dieser Arbeit nicht entsprechen, wollte ich alle Reflexwirkungen aufzählen, die vom Ohre ausgehen können. Es genügt, anzugeben, daß sie von URBANTSCHITSCH [304] eifrig studiert worden sind; er hat sie vorzüglich an eigenen, gewissenhaften Experimenten untersucht und mit Klarheit in einem besonderen Kapitel des kürzlich erschienenen Handbuchs von SCHWARTZE mitgeteilt.

Die sensoriellen Reflexwirkungen, also die Veränderungen, welche am Gehörs-, Gesichtssinn u. s. w. durch organische Modifikationen des Ohrs hervorgerufen werden können, sind schon an einer anderen Stelle dieser Arbeit erwähnt worden*).

Der Einfluß, den die Affektionen des Ohrs auf die Psyche ausüben können, wo sie Hallucinationen, Illusionen und echte Psychosen hervorrufen oder verschlimmern können, wurde von einer langen Reihe von Beobachtern beschrieben, von denen ich besonders folgende anführe: VOISIN [305], BARCLANGER [306], KÖPPE und SCHWARTZE [307], GRAZZI [311], LANNOIS [310], REGIS [308], SZENES [313], COZZOLINO [312], BALLET [309].

Wir würden die uns gesteckten Grenzen überschreiten, wollten wir uns bei der Besprechung dieses Punktes im einzelnen aufhalten.

Die Reflexwirkung auf das vasomotorische System kann man für jetzt noch nicht als ganz sichergestellt betrachten. Nach meiner Meinung ist es zweifellos, daß viele der angeblichen vasomotorischen Reflexwirkungen (Hyperämie, Sekretion u. s. w.) eher als Erscheinungen von entzündlicher Diffusion vom Ohr auf die benachbarten Teile, und umgekehrt, zu betrachten sind.

Die hierauf bezüglichen Beobachtungen von CONTY und CHARPENTIER, DOGIEL, BONNAFONT (citiert in [304]) unter anderen erscheinen nicht sehr beweiskräftig.

Hier haben wir vor allem die Reflexwirkungen von motorischer Natur zu beachten, welche wir bei Hysterie antreffen, die vom Ohre ausgehen und wegen ihrer Heftigkeit und Dauer die Bedeutung pathologischer Erscheinungen haben, als Uebertreibung ähnlicher, physiologischer Zustände.

---

*) Außer deutlichen, vom Ohr ausgehenden Psychosen kann man häufig, besonders bei jungen Leuten, wahrnehmen, wie eine Otitis acuta, eine Otitis media catarrhalis von starker Einziehung der M. T. begleitet, einen eigentümlichen psychischen Zustand hervorrufen kann, eine gewisse Apathie, eine intellektuelle Betäubung, welche nicht mit dem Grade der Taubheit im Verhältnis stehen. Außerdem zeigen sich Veränderungen des affektiven Sinnes, und alle diese Erscheinungen pflegen mit der Heilung des Ohrleidens zu verschwinden. Die körperliche Untersuchung enthüllt bei solchen Individuen nicht selten hysteroide Stigmata.

Ferner müssen wir darauf aufmerksam machen, daß die Reflexwirkung durchaus nicht im Verhältnis steht zu der Stärke des peripherischen Reizes oder der organischen Affektion des Ohres, die sie hervorruft. Auch in dieser Hinsicht gelten die Betrachtungen Higier's[314] über den Einfluß, den eine Krankheit des Rückenmarks, die Tabes dorsalis, auf das Entstehen und den Verlauf der Hysterie ausüben kann. Die organische Affektion oder auch der künstliche peripherische Reiz ist nur die veranlassende Kraft, welche das psychische Gleichgewicht stört; die Form und die Stärke, mit welcher die durch den Stoß hervorgerufene Störung des Gleichgewichts sich äußert, hängt nicht von dem Stoße ab. Drei Personen, die zu gleicher Zeit von traumatischer Neurose ergriffen werden, können alle drei von gleich intensiver Hysterie ergriffen werden, ganz unabhängig davon, daß der Eisenbahnunfall, der sie bei allen dreien verursachte, dem einen einen schweren Schenkelbruch, dem zweiten eine leichte Kontusion des Armes, dem dritten nur eine psychische Aufregung verursacht hat. Eine bestimmte Menge Pulvers wird immer dieselbe Menge potentieller Energie entwickeln, mag das labile Gleichgewicht seiner Teilchen durch ein entzündetes Schwefelholz oder durch einen kräftigen elektrischen Funken gestört worden sein.

Der größte Teil der Reflexerscheinungen von motorischer Natur, welche bei Hysterie vom Ohr ausgehen, lassen sich beziehen:

1) auf die Wände des Gehörganges und auf das Trommelfell;
2) auf das mittlere Ohr und die Eustachische Trompete;
3) auf den Perceptionsapparat der Töne im allgemeinen.

1. Reflexerscheinungen, welche die Wände des äußeren Gehörganges und das Trommelfell zu Ausgangspunkten haben.

Zu dieser Kategorie gehören, außer den mechanischen Reizen, welche mittelst der Berührung einer Sonde künstlich hervorgebracht werden können, Anhäufungen von Cerumen und Fremdkörper. Die Zone der Reflexe scheint gewöhnlich durch die tieferen Teile des knöchernen Gehörgangs, besonders durch dessen obere, hintere Wand (Guder[319]) und durch das Trommelfell selbst gebildet zu werden. Die Anhäufungen von Cerumen verursachen nur ausnahmsweise Reflexerscheinungen, und auch die Fremdkörper scheinen, um solche hervorrufen zu können, gewissen Bedingungen entsprechen zu müssen, nämlich von harter Konsistenz und etwas beweglich sein.

Sehr zahlreich sind die in der Litteratur aufgezeichneten klinischen Fälle, welche diesen Gegenstand beleuchten. Man kann sie unterscheiden, je nachdem der Reflex dargestellt wurde:

a) durch vorwiegend motorische Erscheinungen der Atmungsorgane (Husten, Asthma);
b) durch Schwindel und Uebelkeit;
c) durch echte hysterische Anfälle.

Es ist bemerkenswert, daß in vielen solchen Fällen die Autoren bei ihren Kranken hysterische Stigmata nicht erwähnen; auch GUDER bemerkt in Bezug auf den Husten ausdrücklich, nervöses Temperament und übermäßige Reizbarkeit seien ohne Einfluß auf seine Entstehung.

a) Vorwiegend motorische Erscheinungen des Respirationsapparates: Tussis auricularis.

Der vom Ohr reflektierte Husten findet sich häufig, auch bei nicht hysterischen Personen. In einer Reihe von Untersuchungen gelang es neuerlich GUDER[319], unter 200 Kranken durch Berührung des knöchernen Gehörganges mit einer Sonde Husten 42 mal (21 Proz.) hervorzurufen. 17 mal links, 19 mal rechts, 6 mal auf beiden Seiten. FOX[318] hatte die Erscheinung 15 mal unter 86 Personen (17 Proz.) angetroffen. Ich will einige in der Litteratur mitgeteilte Fälle von Tussis auricularis anführen.

JAKINS[320], THEOBALD[322] berichten über Fälle von hartnäckigem Husten, welcher durch Anhäufungen von Ohrenschmalz im Gehörgang unterhalten wurde, DOWNIE[315] und COMPAIRED[316] über Husten, verursacht durch Fremdkörper im Gehörgang, GRAZZI von Husten infolge von Ekzem desselben, MASINI[323] und GRAZZI[353] von Anfällen von Asthma, die durch Fremdkörper veranlaßt waren.

b) Schwindel, Uebelkeit u. s. w., hervorgerufen durch Cerumen im Gehörgange und durch Berührung desselben mit der Sonde, werden erwähnt von GUDER[319], HERZOG[321], POORTEN[326], URBANTSCHITSCH[304], HESSLER[327], BOTEY[328] u. s. w. Ich selbst beobachtete einen 60-jährigen Mann von kräftigem Aussehen, welcher ein Symptomenbild zeigte, das einen echten MÉNIÈRE'schen Schwindel vortäuschte. Dieser verschwand ganz nach Ausziehung eines großen Pfropfes von Cerumen aus dem rechten Gehörgange.

c) Konvulsionen, verschiedenartige hysterische Anfälle durch Reizung des Gehörganges werden angeführt von ITARD, HAUG[324], BELBEDER[329], BOYER[330], MACLAGAN[331], KUPPER[332], SCHURIG[333], STRAZZA[325] und von mir[352].

2. Reflexerscheinungen, welche ihren Ausgangspunkt von dem Mittelohr und der Eustachischen Trompete nehmen.

Solche Erscheinungen, die man besonders bei hysterischen Personen oder solchen von reizbarem, nervösem Temperament antrifft, werden meistens durch Schwindel oder hysterisch-epileptische Anfälle dargestellt. Sie können abhängen:

a) von Otitis media catarrhalis acuta, charakterisiert durch bedeutende Stenose der Tuba und daraus folgende starke Einziehung des Trommelfells,

b) von Otitis media purulenta.

c) von Vorhandensein von Polypen infolge von Otitis media purulenta chronica.

a) Otitis media catarrhalis acuta mit Retraktion des Trommelfells. Hysterisch-epileptische Anfälle.

Fälle von hysterischen Anfällen, hervorgerufen durch Stenose der Tuba und Otitis catarrhalis, werden angeführt von TRAUTMANN[334], NOQUET[335], BOUCHERON[337]. BAYER[336] erzählt von einer Person von nervösem Temperament, die nach einem Spazierritt einen Anfall mit Verlust des Bewußtseins und Delirien hatte, welcher nach Katheterisierung der Tuba sogleich verschwand.

BOUCHERON[337] spricht von einem jungen Menschen, bei dem intermittierende Verstopfung der Tuba Eustachii epileptiforme Anfälle hervorbrachte *).

Zu dieser Klasse von Erscheinungen gehört der von HARTMANN[338] beschriebene Fall von epileptiformen Anfällen bei einem Manne, hervorgebracht durch Katheterisierung der Trompete.

b) Otitis media purulenta.

Es ist bekannt, daß bei Otitis media purulenta die Auswaschungen der Paukenhöhle, vom äußeren Gehörgang aus ausgeführt, auch bei nicht nervösen Individuen ein Gefühl von Schwindel hervorbringen können, besonders wenn eine weite Oeffnung im Trommelfell dem eingespritzten Flüssigkeitsstrahle erlaubt, die vestibuläre Wand direkt zu treffen. Bei hysterischen Personen können dann solche Reflexerscheinungen ungewöhnlich heftig werden und wirkliche Anfälle veranlassen. Dasselbe kann bei Reizungen eintreten, die den Ausspülungen ähnlich sind. Aber neben solchen, auf irgend eine Weise künstlich hervorgerufenen Reflexerscheinungen giebt es andere, die bei hysterischen Personen durch das Auftreten einer akuten, phlegmonösen Entzündung des Mittelohrs hervorgerufen werden können.

Zu der ersten Kategorie von Fällen, in denen der Reiz einen künstlichen Charakter hat, gehört ein Fall von KELP bei einem Mädchen von 18 Jahren, mit einseitiger, chronischer Otitis media purulenta. Hier hatte der dauernde Aufenthalt eines Holzstückes im Ohr, dessen

*) Es ist unnötig, zu sagen, daß ich mit BOUCHERON in der Deutung solcher Fälle nicht übereinstimme; er ist geneigt, sie nur mit mechanischen und hydraulischen Verhältnissen, mit Verschiebung der Kette der Gehörknöchelchen nach innen und mit Zunahme des Druckes im Labyrinth in Verbindung zu bringen. Man sehe hierüber die folgenden Veröffentlichungen über die sogen. Otopiesis nach: BOUCHERON[350], ROLLER[351], G. GRADENIGO[352].

die Kranke sich zur Reinigung des Gehörganges bediente, tägliche epileptiforme Anfälle hervorgerufen, welche nach Ausziehung des Fremdkörpers aufhörten. In einem meiner Fälle trat bei einer hysterischen jungen Dame infolge der Paracentese des Trommelfelles ein schwerer Anfall ein; in einem Falle von WALTON[339] erzeugte die Paracentese tiefen Stupor.

Anfälle bei Personen, die an chronischer Otitis media purulenta litten, werden mitgeteilt von GELLÉ[341] und DE ROSSI[340].

Zwei meiner Beobachtungen betreffen Erscheinungen dieser Art bei Frauen von nervösem Temperament.

BLAKE und WALTON[339] beobachteten eine allgemeine Hemianästhesie, hervorgerufen durch das Auftreten einer akuten Otitis. In einem meiner Fälle hatte diese bei einem 18-jährigen Mädchen heftige Schwindelanfälle hervorgerufen. In der folgenden Beobachtung hatte eine akute, eiterige Otitis Stummheit erzeugt. (Turina.)

Soldat, 20 Jahre alt. Otitis acuta rechterseits. Beim Eintritt ins Hospital, selbst mit Schreistimme über den Ursprung seines Leidens befragt, giebt er keine Antwort und scheint nicht zu verstehen, was man ihm sagt. Er ist bleich, mit myotischen Pupillen, langsamem Puls, Temperatur in der Achselhöhle 36,2°. Im Zweifel, ob es sich um freiwilliges Schweigen handle, läßt man ihn durch seine Landsleute befragen, aber ohne Resultat. An den folgenden Tagen dauert die vollständige Stummheit fort. Am 6. Tag abends tritt Fieber auf, und in der Nacht erfolgt Ausfluß von blutigem Eiter aus dem Gehörgange. Der Stupor und die Stummheit verschwinden aber nicht, und da das hohe Fieber fortdauert, so schreitet man am 12. Tage zur Eröffnung des Proc. mastoideus. Erst 2 Tage später beginnt der Kranke, mühsam auf die an ihn gerichteten Fragen zu antworten. Die Stummheit verschwand dann ganz, obgleich die Genesung durch das Erscheinen eines Herdes von lobulärer Pneumonie an der Basis der linken Lunge unterbrochen wurde, die sich jedoch nach 48 Stunden löste.

c) Polypen infolge von Otitis media purulenta chronica.

Die Reflexwirkung, welche durch einen Polypen im äußeren Gehörgang, infolge von Otitis purulenta chronica verursacht werden kann, nähert sich einerseits der, welche ein Fremdkörper im Gehörgang oder in der Paukenhöhle veranlassen könnte, andererseits derjenigen, welche von Otitis chronica purulenta abhängen kann. Wir finden in der Litteratur die Beschreibungen einiger ziemlich klarer Fälle.

BASTIEN[342] erzählt von einem Ohrpolypen, der verschiedene nervöse Zufälle veranlaßte. SCHMIEGELOW[343], PINS[344] und SUAREZ DE MENDOZA[345] teilen Fälle von hysterischen Anfällen mit, verursacht durch das Dasein von Polypen, welche nach der Exstirpation des Neoplasmas aufhörten.

3. Reflexerscheinungen, welche von dem Perceptionsapparate im allgemeinen ausgehen.

Auch im physiologischen Zustande rufen bestimmte Modalitäten von akustischer Erregung Reflexwirkungen verschiedener Art hervor;

ich erinnere hier nur an den durch gewisse sehr hohe Töne erzeugten Schauder, an den psychischen und physischen Einfluß der Musik u. s. w. Bei Hysterie kommt es häufig vor, daß akustische Reize sehr starke Reaktion hervorrufen. Ich will einige Beobachtungen hierüber anführen.

Itard[346]: Ein Mädchen von 15 Jahren erschrak zuerst, wenn es die Schulglocke hörte, dann hob es die Schultern in die Höhe und stieß einen schwachen Schrei aus. Nach einigen Wochen verwandelte sich dieser Schrei in betäubendes Brüllen, und der geringste Ton rief lautes Geheul hervor. Itard erreichte Besserung für einige Tage, indem er die Ohren mit Baumwolle verstopfte. Trotzdem, da die Störungen fortdauerten und allgemeine Abmagerung eintrat, mußte man zur Veränderung des Klimas und zur Isolierung der Kranken schreiten, wodurch sie vollkommen hergestellt wurde.

Dr. P. Carmagnola, Professor-Substitut der Medizin an der K. Universität Turin[347], erzählt im Giornale delle Scienze mediche di Torino vom Jahre 1846 folgende Geschichte von einer seltsamen und merkwürdigen, proteiformen Neuropathie, welche ich hier ausführlich mitteilen zu können wünschte, sowohl wegen des Interesses des Falles, als wegen der besonderen, damals gebräuchlichen therapeutischen Methoden, und vor allem, weil die treue Erzählung des Verfassers uns sowohl seine Verwunderung als seinen guten Glauben verbürgt. Der Raum verbietet es mir; ich muß also die Hauptpunkte der Beobachtung zusammenfassen, welche, wie man sehen wird, besonders bemerkenswert ist durch die starken Reflexwirkungen, welche bei der Kranken durch akustische Reize hervorgerufen wurden.

Mädchen von 14 Jahren.

Beim Erscheinen der ersten Menstruationen wurde sie von krampfhaften Hustenanfällen ergriffen, so oft sie sich an den Tisch setzte, um zu essen. Dies dauerte 3 Monate lang. Eines Tags erschien der Husten nach einem langen Spaziergang in der Sonnenhitze zur gewohnten Stunde, hörte aber nicht wieder auf und dauerte 3 Tage. Ein Aderlaß am Fuß beseitigte den Husten, darauf folgte aber leichte Ohnmacht mit konvulsiven Bewegungen. Einige Stunden später wurde der Aderlaß am Fuße wiederholt, aber so bald er gemacht war, erschien eine neue Ohnmacht, viel stärker als die frühere, welche gegen 3 Stunden dauerte. Später wurde ein Purgans gereicht und danach abführende Klystiere. Dann trat Fieber auf (?). Die Kranke wollte kein Licht sehen, konnte nicht das geringste Geräusch ertragen, nicht einmal die Stimmen der Umstehenden. Sie hatte Durst, aber jedes Getränk erregte ihr Schluchzen. Infolge einer Konsultation wurden 24 Blutegel an die Regio hypogastrica und an die Geschlechtsteile angelegt. Man verordnete ein Klystier mit Asa foetida, durch deren Geruch sie sehr belästigt wurde. Am folgenden Tage wurde die Blutegelanlegung wiederholt. Nach einigen weiteren Tagen, da die hypogastrische Gegend schmerzhaft war, verordnete man ein Sitzbad, während dessen die Kranke einen konvulsiven Anfall hatte; an den nächsten Tagen erschien Stummheit; die Kranke äußerte sich durch Gesten. Dann fing sie an, im Schlaf zu sprechen und zu singen; nach dem Erwachen sprach sie kein

Wort mehr. Die Sinne waren normal, mit Ausnahme des Gehörs, welches übermäßig empfindlich blieb, so daß Töne bei ihr leicht heftige Krämpfe erregten, worauf Mattigkeit und Ohnmacht folgte. Dies geschah jedoch nicht, wenn sie schlief.

Die lange Beobachtung, vom Verf. gewissenhaft dargestellt, beschreibt weiterhin bei der Kranken Anfälle von Somnambulismus und Katalepsie, die starke Einwirkung des Goldes, und außerdem Erscheinungen, die auf eine Transposition der Sinne hätten bezogen werden können. Die Kranke gab kein Zeichen, daß sie mit den Ohren hörte, dagegen antwortete sie während des Somnambulismus, wenn man beim Sprechen mit den Lippen ihre Schulter berührte. In der Zwischenzeit, fügt der Autor hinzu, hatte das Gehör seinen Sitz in den Ohren, wie im natürlichen Zustande.

Steinbrügge [348] beschreibt eingehend den Fall eines Mannes von 64 Jahren, bei welchem akustische oder optische Reize einen respiratorischen Krampf von besonderer Form hervorriefen.

Vaille [349] erzählt, bei einer Hysterischen habe ein unerwarteter Ton krampfhafte Hustenanfälle veranlaßt.

V.

Hämorrhagien aus dem Ohre bei Hysterie.

Die vasomotorischen Erscheinungen sind bei Hysterie von großer Wichtigkeit; ohne untersuchen zu wollen, welcher Anteil ihnen an der Pathogenese der Neurose zukommen könne, beschränken wir uns auf die Angabe, daß bei Hysterie verschiedene, auf der Haut und den sichtbaren Schleimhäuten lokalisierte und darum der direkten Beobachtung zugängliche Störungen von angioneurotischem Charakter durchaus nicht selten sind. Von diesen sind zu nennen Oedeme, Hyperämie und Anämie, Hämorrhagien, trophische Alterationen, die bis zur Gangrän gehen können, abgesehen von irgendwelchen entzündlichen Symptomen. Die Litteratur hierüber ist jetzt reich genug, und wir finden in ihr neben streng wissenschaftlicher Beobachtung der Thatsachen oft genug Züge von Mysticismus, Aberglauben und Simulation. Alle diese Elemente können so eng miteinander verschmolzen sein, daß es dem Arzte schwer wird, die einzelnen Züge des verwickelten klinischen Bildes zu unterscheiden und jedem seinen wirklichen Wert beizulegen.

Wir werden uns hier in Bezug auf das Ohr nur mit der auffallendsten, zu den vasomotorischen Störungen bei Hysterie gehörenden Erscheinung beschäftigen, wir meinen die Hämorrhagien des Ohrs.

Die Otorrhagien können bekanntlich von verschiedenen Ursachen abhängen: sie folgen auf traumatische Einwirkungen auf den äußeren Gehörgang und die Membr. tympani oder sind das Resultat einer hämorrhagischen Infektion, welche sich akut im mittleren oder äußeren Ohr entwickelt hat, einer klinischen Form, welche besonders bei akuter Otitis bei Influenza angegeben und sogar von einigen Autoren für pathognomonisch bei dieser gehalten wurde. Die 4 von Benni[365] mitgeteilten, übrigens ziemlich ungenügend beschriebenen Fälle von Otorrhagie gehören zu der Gruppe der hämorrhagischen Otitiden des mittleren und äußeren Ohrs. Profuse, tödliche Blutungen können bei Caries des Schläfenbeins vorkommen, wenn eine Arrosion der Carotis interna im Canalis caroticus stattgefunden hat. Blut, mit Eiter gemischt, fließt bisweilen nach mechanischer Reinigung des Ohrs bei Otitis m. purulenta chronica aus, bei Komplikation mit Granulationen und Polypen der Paukenhöhle. Wir übergehen natürlich bei den folgenden Ausführungen alle diese Formen der Hämorrhagie.

Es bleiben noch andere Ohrblutungen übrig, welche eng an hysterische Neurosen gebunden sind, und die man in die folgenden 3 Gruppen bringen kann.

a) Periodische Blutungen aus Gefäßen, die sich in pathologischen Geweben entwickelt haben (Granulationen und Polypen der Paukenhöhle) und unabhängig von jeder traumatischen Einwirkung auftreten.

b) Periodische Blutungen aus dem Ohr bei unverletztem Trommelfelle, welche einen Teil der hämorrhagischen Erscheinungen in anderen Schleimhäuten und an der Haut mit neurotischem Charakter ausmachen.

c) Periodische Blutungen, welche bei unversehrtem Trommelfell nur aus dem Gehörgang kommen.

a) Die zu dieser Abteilung gehörenden Thatsachen können nicht selten sein, werden aber wegen ihrer geringen praktischen Wichtigkeit selten mitgeteilt. Wahrscheinlich beziehen sich auf diese die Beschreibungen der alten Autoren. Gewöhnlich handelt es sich um Frauen mit mehr oder weniger deutlichen nervösen Symptomen, die an Otitis m. purulenta chronica, mit Granulationen und Polypen der Paukenhöhle leiden, Neubildungen, die an dünnwandigen Gefäßen reich sind. Bei der Wiederkehr der Menstruation finden aus diesen leicht zerreißbaren Gefäßen Blutungen statt, ohne Zweifel in Abhängigkeit von vasomotorischen Einflüssen. de Rossi[356] hat einen Fall dieser Art beschrieben.

20-jähriges Mädchen, welches zur Zeit ihrer Regeln eine Blutung von supplementärem Charakter aus einem Ohr zeigte. Das Ohr war der Sitz eines purulenten, chronischen Leidens mit einem Polypen, von dem die Blutung ausging. Nach Exstirpation der Neubildung hörte die Hämorrhagie auf.

Von mehreren von mir beobachteten Fällen will ich folgenden kurz angeben.

Frau von 45 Jahren, hysterisch, Trägerin einer alten Otitis m. purulenta am linken Ohr, mit bedeutender Zerstörung des Trommelfells und einem Polypen, welcher von dem oberen, hinteren Teile der Schleimhaut der Paukenhöhle herkam. Leichte Berührung mit der Sonde ruft keine Blutung hervor. Sie befindet sich in der Zeit der Menopause, und in den Monaten, in denen die Menstruation unregelmäßig ist oder ganz ausbleibt, findet ein schwaches Aussickern von Blut aus der Neubildung statt.

b) In manchen schweren Fällen von Hysterie beobachtet man vielfache Blutungen aus den verschiedensten Schleimhäuten und mehreren Hautstellen; darunter finden sich auch Otorrhagien. JOLLY[358] hatte bemerkt. daß Hämorrhagien aus verschiedenen Stellen der Haut stattfinden können, ohne daß diese merklich alteriert erscheint. PUECH[355] hatte unter 200 Fällen von mehrfachen Blutungen bei Hysterischen nur 6 aus dem Ohr stammende bemerkt. Wir wollen einige hierher gehörige klinische Fälle anführen.

SEPPILLI und MARAGLIANO[357]: Frau von 25 Jahren mit Hysteria major. Es treten leicht Blutungen aus verschiedenen Schleimhäuten, aus der Nase, der Mundhöhle und den Bronchien ein. Auch aus dem Ohr, welches unversehrt war, trat Blut aus. Diese Hämorrhagien hatten keinen vikarierenden Charakter.

ARTIGALAS und REMOND[366]. Junge Frau. Mit 16 Jahren bei geringen Unannehmlichkeiten Epistaxis. Mit 21 Jahren hysterische Krise, gefolgt von blutigem Erbrechen 2 Tage lang. Später Blutung aus dem linken Ohr, wo sich Papilloma befand. Dann blutige Thränen im linken Auge, welche nach Waschungen ausblieben. Aber später dauernde Wiederholung der Augenblutung. Nun wird der Kranken suggeriert, das Blut werde nicht mehr aus dem Auge, sondern aus der linken Hand ausfließen, und wirklich erscheint blutiger Schweiß auf der Handfläche. Darauf brachte man alle diese Erscheinungen durch Suggestion zum Verschwinden.

BARATOUX[363]: Hysterisches Mädchen von 16 Jahren. Regelmäßig menstruiert. An Krampfanfällen leidend. Nach dem Auftreten des ersten Anfalls floß Blut aus dem äußeren Gehörgange des rechten, seltener des linken Ohres; außerdem fanden Blutungen statt aus den Conjunctiven, aus der rechten Brustwarze, aus den in der Nähe der Nägel an Händen und Füßen liegenden Teilen; bisweilen trat Bluterbrechen ein. Wenn es nicht zur Blutausschwitzung kam, zeigten sich hämorrhagische, unregelmäßige, asymmetrische Flecken auf der Haut. Die Blutungen erschienen unerwartet, wiederholten sich mehrmals in der Woche, dauerten viele Stunden. Die Untersuchung des Ohrs fiel negativ aus: Anästhesie der Ohrmuschel und des Gehörgangs. Die Bluttropfen kamen aus der hinteren, oberen Wand des knorpligen und knöchernen Gehörgangs.

Gegen diese Fälle sticht einer von BINET ab, eine hysterische Frau von 36 Jahren betreffend, bei welcher Hämorrhagien der Schleimhaut der Scheide, der Nase, des Pharynx und wahrscheinlich der Lunge und der Eingeweide, aber niemals eine Ohrenblutung vorkam.

c) Die periodischen Blutungen aus dem Ohr, die wir betrachtet haben, und die nur eine von den Lokalisationen einer allgemeinen hämorrhagischen Diathese von neurotischem Charakter bilden, verhalten sich zu den isolierten Ohrenblutungen bei Hysterie, wie die akustische Anästhesie, als Teilerscheinung der allgemeinen Hemianästhesie zu der wesentlichen akustischen Anästhesie, die nicht an andere anästhetische Symptome gebunden ist. Und wie wir gesehen haben, daß die Ursache der isolierten akustischen Anästhesie in anatomischen Alterationen des Organs zu suchen ist, welche meistens die nötige Grundlage für die Lokalisation der Neurose ausmachen, so finden wir auch bei der isolierten Ohrenblutung katarrhalische, oft wenig bedeutende Läsionen des Ohres.

Monatliche Hämorrhagien des Ohres mit vikariierendem Charakter werden schon von BOERHAVE[5] erwähnt, aber die bis jetzt ausführlich veröffentlichten Fälle sind wenig zahlreich: FERRERI[359], STEPANOW[360], HAUG[368], GRADENIGO[362], DE STEIN[367]. Wir werden eine noch nicht veröffentlichte Beobachtung von MARCHIAFAVA kurz mitteilen.

MARCHIAFAVA (Klinik von De Rossi): Paolina B., 25 Jahre alt, von Toscanella, war seit ihrer ersten Jugend in ein Kloster eingeschlossen worden, wo sie seit dem ersten Erscheinen der Menstruation an hysterischen Erscheinungen litt. Die Krampfanfälle wiederholten sich 2 oder 3mal im Monat, waren aber am heftigsten beim Eintritt der Menstruation. Unter den verschiedenen Störungen waren besonders bemerkenswert die schnelle Aenderung des Charakters und der Gesichtszüge, der Uebergang von dem gewöhnlichen ruhigen Aeußeren zu gradweis wachsender Exaltation mit Rötung und Anschwellung des Gesichts, lebhafter Sprache, u. s. w. Nach dem Anfalle hatte Patientin keine Erinnerung des Geschehenen. Später, nach wiederholten Anfällen traten Blutungen aus der Nase, dem Munde, aus beiden Ohren, besonders dem rechten ein. Dem Ausflusse des Blutes gingen hysterische Symptome voraus, wie taktile Hyperästhesie der betr. Hälfte des Kopfes, Verminderung des Gehörs, Schmerzen, Ohnmachten.

Die von diesen Autoren beschriebenen Fälle haben viel Aehnlichkeit untereinander; immerhin handelte es sich um Frauen mit allerlei Störungen von hysterischem Charakter.

Man kann nicht an dem Zusammenhang der Ohrenblutungen mit der Menstruation zweifeln, obgleich Hämorrhagien oft auch außerhalb der Menstrualperioden angegeben werden und dagegen oft während derselben fehlen. Der Fall von EITELBERG ist in dieser Hinsicht besonders merkwürdig. In fast allen Fällen war die Blutung auf ein Ohr beschränkt, und wenn sie auf beiden Seiten eintrat, war sie auf der einen häufiger und reichlicher. Der Mechanismus der Entstehung scheint in allen Fällen derselbe gewesen zu sein: das Blut trat in Tropfen aus den Ausführungsgängen der Schmalzdrüsen hervor, vorzugsweise an der hinteren oberen Wand des Gehörganges, bei einigen im mittleren Teile des Gehörganges, bei anderen am Meatus. Obgleich es nur DE ROSSI, BARATOUX und DE STEIN gelungen ist, den Ausfluß des Blutes aus diesen Ausführungsgängen de visu zu beobachten, so gewährt das Vorhandensein dieser Pünktchen mit derselben anatomischen Anordnung in allen Fällen große Wahrscheinlichkeit dafür, daß der Mechanismus der Blutung in allen Fällen derselbe war. Die Menge des entleerten Blutes war verschieden; nur in den Fällen von DE ROSSI, FERRERI und STEPANOW scheint sie bedeutend gewesen zu sein.

In fast allen hier angegebenen Fällen ging dem Ausfluß des Blutes eine Reihe von hysterischen Erscheinungen voraus, besonders solchen, die sich auf das Gehörorgan bezogen, am häufigsten akustischen Hypästhesien und Anästhesien.

Der Fall von HAUG ist besonders bemerkenswert durch das gleichzeitige Bestehen schwerer vasomotorischer Erscheinungen an der Ohrmuschel und am Gehörgang.

Pathologische Alterationen des Ohres werden in einigen Fällen als Sitz der Hämorrhagien angegeben (EITELBERG, GRADENIGO); es ist ziemlich wahrscheinlich, daß auch bei den anderen leichte katarrhalische Erkrankungen des Mittelohres wegen ihrer verhältnismäßigen Geringfügigkeit im Vergleich mit den stürmischen hysterischen Symptomen der Diagnose entgangen sind. In dieser Meinung werden wir dadurch bestärkt, daß im Falle von HAUG die Ohrsymptome infolge einer Erkältung mit einem gewissen Grade von beiderseitiger Taubheit auftraten, und daß der von DE STEIN beobachtete Knabe, sowie die von FERRERI und DE ROSSI behandelte Frau von Jugend auf an wiederkehrenden Rhinorrhagien (Rhinitis catarrhalis hypertrophica?) litten. Nach dieser Betrachtungsweise wäre die hysterische Otorrhagie, gleich der akustischen Anästhesie, an prädisponierende Läsionen des Gehörorgans gebunden.

In keinem der hier mitgeteilten Fälle scheint die mikroskopische Untersuchung des Blutes gemacht worden zu sein, um mit Sicherheit eine geschickte Simulation ausschließen zu können. Eine solche wird nach unserer Meinung weniger durch die Beaufsichtigung von seiten der verschiedenen Autoren, als dadurch unwahrscheinlich gemacht, daß in den verschiedenen Fällen das klinische Bild vollkommene Gleichmäßigkeit zeigte.

Therapie der Symptome am Ohr bei Hysterie im allgemeinen.

Um diese Abhandlung zu vervollständigen, wird es zweckmäßig sein, die Behandlung der Manifestationen der Hysterie am Ohr anzudeuten, nachdem wir in den vorhergehenden Kapiteln die Symptomatologie, die diagnostischen und prognostischen Charaktere, die Dauer u. s. w. angegeben haben.

Die Behandlung der Erscheinungen am Ohr (akustische und taktile Anästhesie und Hyperästhesie, Otalgie, Blutungen etc.) ist verschieden, je nachdem sie als Teilsymptom von allgemeinen neurotischen Erscheinungen, oder als Ausdruck einer isolierten Lokalisation der Neurose zu betrachten sind. Im ersten Falle ist nur eine allgemeine Behandlung angezeigt; im zweiten ist außerdem eine örtliche Behandlung des Ohres und nötigen Falles der Nase und des Schlundes zweckmäßig, denn es scheint bewiesen zu sein, daß die Ursache dieser sogen. peripherischen Hysterismen in anatomischen, bisweilen sehr leichten Läsionen des betroffenen Organs zu suchen sind.

Es ist hier nicht unsere Aufgabe, bei der Aufzählung der verschiedenen therapeutischen Hilfsmittel zu verweilen, zu denen man bei der allgemeinen Behandlung der Hysterie seine Zuflucht nehmen kann: tonische Mittel, geeignete Diät, Elektricität in ihren verschiedenen Formen und Anwendungen, Ruhe, Massage, und andererseits die Suggestion, besonders im wachenden Zustande, die Trennung von der gewöhnlichen Umgebung, in gewissem Maße auch Zerstreuungen.

Dagegen wird es nicht unpassend sein, einige mehr eingehende Indikationen in Bezug auf Lokalbehandlung anzugeben.

Man darf nicht glauben, die Lokalbehandlung allein könne in Fällen, wo nachweisbare anatomische Alterationen sie am meisten anzuzeigen scheinen, das komplizierte Krankheitsbild passend modifizieren. Bei dieser Art von Kranken muß der Arzt nicht nur die allgemeinen Verhältnisse sorgfältig beachten, sondern auch darauf gefaßt sein, daß die Arzneimittel und die rationellsten operativen Eingriffe in einigen Fällen nicht nur ohne Erfolg bleiben, sondern dem Anschein nach sogar schädlich ausfallen. Wir sehen alle Tage verschiedene Parästhesien des Pharynx in der ersten Zeit der örtlichen Behandlung hartnäckig widerstehen, ja oft schlimmer werden, und bisweilen scheinbar von selbst besser werden oder heilen nach einer Zeit, während deren die Behandlung ganz fruchtlos zu sein schien.

Wenn operative Eingriffe an der Nase, am Pharynx oder am Ohr bei Hysterischen nicht auf das entschiedenste angezeigt sind, wobei man, wohl verstanden, nicht nach den subjektiven Angaben des Kranken, sondern nur nach objektiv erkennbaren Läsionen zu urteilen hat, so wird eine örtliche milde, medikamentöse Behandlung vorzuziehen sein.

Wir müssen bedenken, daß bei Personen von so unsicherem Gleichgewicht des Nervensystems auch der am sichersten angezeigte operative Eingriff wie ein echtes, somatisches und psychisches Trauma wirkt. Wenn nun unter solchen Umständen der Eingriff auf die örtlichen Symptome einen wohlthätigen Einfluß ausübte oder die Krankheitsursache geradezu entfernte, so wird sich auch die Besserung nach einiger Zeit fühlbar machen; wenn er dagegen den örtlichen Zustand nur mehr oder weniger bessern konnte, so wird der Nutzen, den er bringen sollte, durch den Schaden, den er als traumatische Einwirkung mit sich bringt, ausgeglichen und bisweilen übertroffen werden.

An Beispielen für das Gesagte fehlt es nicht, und wir könnten sie unserer eigenen klinischen Beobachtung entnehmen; was ist vernunftgemäßer, als das Ausziehen eines cariösen Zahnes, welcher schwere örtliche Erscheinungen verursacht? Und doch folgte in einer unserer Beobachtung XX, auf diese so einfache Operation bedeutende Verschlimmerung der hysterischen Erscheinungen, und erst nach einigen Tagen zeigte sich die wohlthätige Wirkung. Bei einer hysterischen Kranken folgten auf die Zerschneidung einer Tonsille, welche Symptome von lakunärer Entzündung zeigte, schwere Erscheinungen von örtlicher und allgemeiner Reaktion von neurotischer Art, welche erst nach einigen Tagen verschwanden. Diese und andere Beispiele, die wir anführen könnten, beweisen uns, daß die örtliche Behandlung anatomischer Läsionen, welche die Grundlage hysterischer funktioneller Störungen bilden, mit milden Mitteln ausgeführt werden muß, und daß wichtigere operative Eingriffe nur zu unternehmen sind, wenn sie wirklich indiziert sind. Aber trotz aller Vorsicht werden die Erwartungen des Arztes oft getäuscht und seine Hoffnungen auf den Erfolg der örtlichen Therapie vereitelt.

Andererseits ist es gewiß, daß in besonderen Fällen ein plötzlicher Eingriff die funktionellen Störungen unversehens zum Verschwinden bringen kann. Auf diese Beobachtung gründen sich die Behandlungsweisen der hysterischen Aphonie durch plötzliche, unerwartete Kompression des Larynx von außen, durch kräftige Einführung des Fingers in die retronasale Höhle, durch wiederholte Berührung des Innern des Larynx mit der Sonde. Durch diese mechanische Einwirkung kann die plötzliche Durchlüftung der Paukenhöhle die akustische Anästhesie und die hysterische Otalgie zum Verschwinden bringen. Es ist jedoch zu bemerken, daß es sich in solchen Fällen nicht um einen eigentlichen operativen Eingriff handelt, sondern um eine unerwartete Handlung, worauf keine merkliche örtliche Reaktion folgt, und die vorzüglich die Bedeutung einer kräftigen Suggestion hat.

Neben der örtlichen, bei entzündlichen Leiden des Ohrs, der Nase und des Pharynx gebräuchlichen Behandlung nimmt die Elektricität als therapeutisches Agens eine der ersten Stellen ein. Besonders in Fällen von akustischer Anästhesie ist die galvanische oder faradische Elektricität siegreich, und ohne Zweifel gehören hierher die Beobachtungen von Brenner und anderen Autoren, welche die wunderbare Wirksamkeit der Elektricität gegen Taubheit und Geräusche im Ohr zu beweisen suchen.

Hier ist jedoch hinzuzufügen, daß in besonderen Fällen die Anwendung des Galvanismus die Krankheitssymptome verschlimmern kann. Eine von mir an Otitis media purulenta chronica bilateralis behandelte Dame mit schweren neuralgischen Störungen, welche aus der Anwendung des Galvanismus großen Vorteil zu ziehen pflegte, zeigte einmal nach einer den gewohnten ganz gleichen Sitzung während einer halben Stunde ziemlich heftige Schwindelanfälle, wie sie früher niemals erschienen waren. Gestützt auf zahlreiche persönliche Erfahrungen, stehe ich nicht an, im Widerspruch gegen die Ansicht vieler Neuropathologen die vollständige Wirkungslosigkeit des Galvanismus als Heilmittel von organischen Ohrenkrankheiten zu behaupten. In allen Fällen, in denen ich dauernde Besserung durch seine Anwendung beobachten konnte, handelte es sich um hysterische oder hysteroide Symptome.

Die zweckmäßigste Methode zur Anwendung des Galvanismus am Ohr ist die sogenannte äußere oder Erb'sche: ein Pol vor dem Tragus, der andere an irgend einem Körperteile, gewöhnlich am Nacken oder in der Hand.

Wenn es sich um taktile Hypakusie oder Hypästhesie handelt, kann man starke Ströme anwenden (8—10—12 MA.), wobei man den negativen Pol auf das Ohr hält, den Strom oft öffnet und schließt oder seine Richtung schnell wechselt. Wenn es sich dagegen um Beruhigung eines Zustandes von örtlicher Ueberreizung handelt (Hyperakusie, taktile Hyperästhesie), thut man wohl, schwache Ströme zu gebrauchen (1—2 MA.), den positiven Pol auf das Ohr zu halten und mittelst des Rheostaten plötzliches Oeffnen und Schließen zu vermeiden. Die Sitzungen dürfen im Mittel nicht länger als fünf Minuten dauern und an demselben Tage nicht wiederholt werden.

Wenn man diese Regeln befolgt, kann man nach einer einzigen Anwendung hypästhetische Erscheinungen verschwinden sehen, welche bisweilen schon seit langer Zeit bestanden, und in anderen Fällen Stunden und Tage dauernde Besserung von selbst heftigen Reizsymptomen hervorbringen.

Wir sprechen nicht von den Resultaten der Anwendung der statischen Elektricität, weil uns jede persönliche Erfahrung über dieselbe abgeht.

Bisweilen jedoch wird auch die vorsichtigste Anwendung der Elektricität nicht gut ertragen, und dann kann man mit Vorteil zur Metallotherapie greifen. Bei manchen, besonders empfindlichen Subjekten erhält man durch sie Wirkungen, welche man durch kein anderes Mittel erreicht. Wir haben fast immer das Gold in Form von Münzen angewendet, welche mittelst einer Binde auf der dem zu beeinflussenden Ohre entsprechenden Gesichtshälfte befestigt wurden.

Wir glauben die Wirkung der Metalle auf die verschiedenen Kundgebungen der Hysterie betonen zu sollen.

Auch die zweckmäßig angewendete Suggestion, entweder im Wachen oder im hypnotischen Zustand, ist ein sehr wirksames Mittel der Behandlung. Wir haben oft Gelegenheit gehabt, sie anzuwenden, und zwar mit Nutzen.

Simulation von Ohraffektionen bei Hysterie.

Die Neigung zur Simulation ist bekanntlich einer der häufigsten Charaktere der Hysterie; eine Arbeit über die Ohrleiden bei dieser Neurose würde nicht vollständig sein, enthielte sie nicht wenigstens einige Andeutungen über dieselbe.

Dieser Gegenstand ist seiner Natur nach sehr weitläufig, denn er umfaßt einerseits eine vielgestaltige Reihe von psychischen Störungen und andererseits die verschiedensten Symptome am Gehörorgan, von der Simulation der Taubheit bis zu der der schmerzhaften Hyperakusie und der echten funktionellen Hyperakusie, von der künstlichen Hervorbringung organischer Läsionen des äußeren und mittleren Ohrs bis zur hartnäckigen, systematischen Ableugnung wirklich bestehender, schwerer Läsionen. Um die vorgeschriebenen Grenzen nicht zu überschreiten, müssen wir uns damit begnügen, nur die wichtigsten Thatsachen anzudeuten.

Eine erste Kategorie von Kranken versucht, künstlich organische Affektionen des Ohrs hervorzurufen, indem sie sich mit scharfen oder stumpfen Körpern oder Instrumenten Läsionen des Meatus oder des äußeren Gehörgangs beibringen oder Fremdkörper von der verschiedensten Gestalt und Größe einführen. Die Betrügereien dieser Art sind ganz grob und werden in den meisten Fällen von dem Chirurgen leicht entdeckt, welcher bei der otoskopischen Untersuchung an den Eigentümlichkeiten der Läsionen die Art, wie sie hervorgebracht wurden, erkennen, die Fremdkörper sehen und entfernen kann. In dieser Beziehung verdient ein Fall von Haug mitgeteilt zu werden.

Eine Hysterische hatte sich beide Gehörgänge ganz mit Steinchen angefüllt und beklagte sich dann über Ohrenschmerz und Taubheit. Dieselbe Kranke erschien später wieder mit geschwollenen, geröteten, mit Bläschen bedeckten Wänden des Gehörgangs; sie bekannte, daß sie diese Teile mit Schwefelsäure befeuchtet und dann mit einem Holzstück ausgekratzt habe.

Eine andere, ebenfalls Haug'sche Kranke war am Proc. mastoideus trepaniert, und die Wunde dann mit einer Kanüle drainiert worden. Der Kranken hatte es ein angenehmes Gefühl verursacht, wenn sie in das Lumen dieser Kanüle eine Nähnadel einführte.

Auf ganz ähnliche Weise können echte eiterige Ohrenentzündungen hervorgerufen oder jene periodischen Ohrenblutungen bei unverletztem Trommelfell simuliert werden, welche, wie wir gesehen haben, eine der Aeußerungen der Hysterie darstellen.

Eine andere Kategorie von Kranken klagt über teilweise, oder vollständige, ein- oder doppelseitige Taubheit, welche gar nicht oder nur in mäßigem Grade vorhanden ist. Die Entdeckung der Simulation in diesem zweiten Falle kann eine der schwierigsten Aufgaben der Otologie bilden.

So haben wir gesehen, daß die akustische Anästhesie bei Hysterie, gleich allen anderen Formen der Anästhesie, von rein psychischem Charakter ist; nicht als ob der Kranke den Reiz nicht wirklich fühlte, aber er percipiert ihn nicht, er wird sich desselben nicht bewußt, es ist, als ob er zerstreut wäre. Unerwartete Geräusche, vorzüglich Reize, die aus irgend einer psychischen Ursache seine Aufmerksamkeit erregen können, werden percipiert, während er für andere Töne taub zu sein scheint. Der Hysterische verhält sich also wie ein echter Simulant, daher begreift man, daß es sehr schwer sein kann, zu unterscheiden, ob die Taubheit die Wirkung einer spontanen oder einer gewollten Abschwächung oder Aufhebung des Perceptionsvermögens ist. Zum Beweis des Gesagten verweisen wir den Leser auf das, was wir über den psychischen Charakter der akustischen Anästhesie geschrieben haben, und erinnern an die scheinbar paradoxen Beobachtungen, welche Lichtwitz, de Stein, Bernheim, wir selbst u. s. w. mitgeteilt haben.

Die feinen, funktionellen Proben, welche verschiedene Autoren ausgedacht haben, um simulierte Taubheit aufzudecken, können in unseren Fällen nichts nutzen, wie wir auch, auf unsere Versuche mit den Stimmgabeln allein gestützt, keine entscheidenden Folgerungen ziehen können. Glücklicherweise sind in den meisten Fällen die Erscheinungen am Ohr nicht von anderen Stigmaten der Hysterie getrennt, so daß wir berechtigt sind, eine Diagnose aufzustellen, besonders wenn die Charaktere der Taubheit die bekannten sind. Schwieriger ist es, vollkommene beiderseitige Taubheit, mit Mutismus verbunden oder nicht, zu diagnostizieren, wenn sie das einzige Symptom der Neurose ausmacht, wie in dem Falle von Ransom und dem meinigen. Das gewöhnliche Auftreten der Taubheit nach einem charakteristischen hysterischen Anfalle, eine Anamnese, die deutlich für Hysterie spricht, erlauben auch in solchen Fällen oft eine Diagnose.

Litteraturverzeichnis.

Manifestationen der Hysterie am Ohr im allgemeinen.

A. Abhandlungen aus der allgemeinen Medizin und Neuropathologie.

1) Fabricii Hildani Opera quae extant omnia. Francofurti ad Moenum 1692. Centuria V. Obs. XII.
2) Stahl, De hypochondr. hyster. malo. Halae 1704.
3) Th. Willis, Opera omnia. Venetiis 1708. p. 226. Cap. X: De passionibus quae vulgo dicuntur hystericae.
4) Hoffmann, Opera omnia. Neapel 1753. Vol. III. De malo hysteriae Cap. V. p. 71.
5) H. Boerhaave, Aphorismi. Venetiis 1757. p. 267, 1283—1292.
6) Gendrin, Bulletin de l'Acad. de médecine in Arch. gén. de médecine. 1846. Série 4ª. T. XII. p. 112.
7) Beau, Traité expérim. et clinique d'auscultation. Parigi 1856. p. 500.
8) Briquet, Traité de l'hystérie. Paris 1859. p. 291.
9) — Id. p. 295.
10) — Id. p. 246.
11) — Id. p. 278.
12) Rosenthal, Traité mal. syst. nerveux. Paris. Trad. ital. Napoli 1872. p. 205.
13) Art. Hystérie du Dict. français von Jaccoud, Paris 1874. Vol. XVIII. p. 182.
14) Hasse, Malattie sist. nervoso. Trad. ital., Milano. Bonfigli. 1875. p. 336.
15) Charcot, Leçons sur les maladies du système nerveux. Paris 1877. Vol. I. p. 305.
16) Jaccoud, Traité de path. interne. Paris 1877. Vol. I. p. 492.
17) Hammond, Traité des maladies du système nerveux. Paris 1879. Trad. franc. p. 866.
18) Jolly, Patol. e terapia speciale, Ziemssen Napoli, Jovene, 1883. Vol. XII. P. II. p. 531.

19) Möbius, Diagnostica generale delle malattie nervose. Trad. ital. Silva. 1888. p. 210.
20) Bidon, Marseille méd. 30 giugno 1891. p. 334.
21) Gilles de la Tourette, Traité. Paris, Plon, 1891. p. 307.
22) A. Pitres, Leçons sur l'hystérie et l'hypnotisme. Paris, Doin, 1891. Vol. I. p. 92.

B. Abhandlungen aus der Ohrenheilkunde.

23) Itard, Traité. 1821. Bd. II. Lib. II. Cap. X. p. 328.
24) — Id. Obs. 140. p. 332.
25) — Id. Obs. 141. p. 333.
26) — Id. Obs. 143. Vol. II. p. 338.
27) Brenner, Unters. u. Beob. über die Wirkung elektrischer Ströme auf das Gehörorgan. Leipzig 1868. p. 240.
28) Miot, Maladies des oreilles. Paris 1871. p. 414.
29) Bonnafont, Traitè. 1873. p. 540.
30) Toynbee, Maladies des oreilles. Paris 1874. Trad. Darin. p. 372.
31) — Id. p. 379.
32) Tröltsch, Lehrbuch d. Ohrenh. Leipzig, Vogel, 1877. p. 531.
33) Politzer, Lehrbuch. Deutsche Ausg. 1878. Vol. II. p. 745.
34) — Id. 1878. p. 526.
35) Ladreit de la Charrière, Surdité, in Ann. des mal. des or. T. VI. 1880. p. 13.
36) Gellé, Traité. 1885. p. 579.
37) — Id. (Rôle du tympan dans l'orientation pour les bruits.) Soc. de biol. 16 ottobre 1886.
38) Politzer, Lehrbuch. 1887. p. 519.
39) Roosa, Lehrbuch. Deutsche Uebers. Weiss. Berlin 1889.
40) Urbantschitsch, Lehrbuch. Deutsche Ausg. 1890. p. 437.
41) Gellé, Clinique otologique de la Salpêtrière: Statistique de 1890. p. 6.
42) Bing, Vorl. üb. Ohrenkrankh. 1890. S. 260.
43) Bonnier, Perception de l'espace dans les sensations auditives. (Académie des sciences. 16 ottobre 1891).
44) Hermet, Maladies de l'oreille. Paris 1892. p. 255.
45) Moos in Schwartze's Handbuch. 1893. Bd. I. S. 524.
46) Gradenigo in Schwartze's Handbuch. 1893. Bd. II. p. 541.

1. a) Modifikationen der akustischen Sensibilität in Verbindung mit sensitiv-sensorieller Hemianästhesie.

47) Briquet, Traité sur l'hystérie. Paris 1859. Baillière. p. 272.
48) — Ibidem. p. 16 u. ff.
49) — Ibidem. p. 246.
50) — Ibidem. p. 295.
51) Desbrosse, Arch. gén. de méd. 1877. T. II. p. 407.
52) Rosenthal, Hysterie Arch. f. Psychiat. 1878. Bd. I. S. 9.
53) Politzer, Lehrbuch. 1878. p. 835.
54) Westphal, Berlin. klin. Wochenschr. 1878. No. 30.

55) Dumontpellier, Soc. de Biologie (Transfert). Oktober 1877. August 1878.
56) Franzolini, Epidemia di isterodemonopatia in Verzegnis-Friuli. Reggio 1879. p. 22.
57) Rumpf, Memorabilion. 1879. Bd. XXIV. Heft 9. (Physiologischer Transfert.)
58) Gellé, Métallo-thérapie dans la surdité hystérique. De l'oreille ecc. Paris, Delahaye, 1880.
59) Vibert, Nevroses traumatiques (Ann. d'hygiène publique et de médecine légale. T. XXIX. 1893. p. 101).
60) Krafft-Ebing, Hystoria virilis et infantilis (Allg. Wien. med. Zeitung. 1893. No. 10. 7 März. p. 106 u. No. 11. 14 März. p. 117).
61) Urbantschitsch, Beobachtungen üb. centr. Akust.-Affektionen (A. f. O. 1880. Bd. XVI. p. 171).
62) Mabille, Hystero-epilepsie (L'Encéphale. 1882. Vol. II. p. 463).
63) Féré, Hystero-epilepsie (Archives de neurologie. 1882. Vol. III.p. 160 u. 281.)
64) Greffier, Sur l'hysterie precoce (Archives générales de médecine. 1882. Vol. II. p. 405).
65) Walton (Brain. 1883. Vol. XX. p. 458—472).
66) Thomsen u. Oppenheim, Arch. f. Psych. 1884. Bd. XV. p. 559.
67) Hartmann, A. f. Psych. 1884. Vol. XV. p. 112.
68) Peugniez, Hystérie chez les enfants. Parigi 1885.
69) Oseretzkowsky, Arch. de neurol. Novembre 1886. p. 281.
70) Lichtwitz, Les anésthésies hystériques des muqueuses des organes des sens et les zones hystérogènes des muqueuses. Parigi 1887. p. 75 e seg.
71) — Ibidem, p. 135.
72) — Ibidem, p. 140.
73) Guicciardi e Petrazzani (Transfert), Rivista sperimentale di freniat. e med. legale. 1887. Vol. XIII. p. 304.
74) Lyon, Hysterotraumatismus. (L'Encéphale. 1888. Vol. VIII. p. 39).
75) Souquez (Archives gén. de médecine. 1890. Vol. II).
76) Charcot, Oeuvres complètes. Paris 1890. Vol. IX. p. 279.
77) Kaufmann, Hysteria virilis. Strasburgo 1891.

b) Modifikationen der akustischen Sensibilität in Verbindung mit Affektionen des Ohrs.

78) Itard, Traité. 1821. Bd. 2. Lib. II. Observ. 134. p. 296.
79) Briquet, Traité de l'hystérie. Paris 1859. p. 685.
80) Schwartze, Arch. f. Ohrenh. 1867. Bd. II. p. 298.
81) Moos, Arch. f. Augenh. u. Ohrenh. Bd. I, 2. p. 64.
82) —, Ibidem. Bd. II, 1. p. 115.
83) Norris, Zeitschr. f. Ohrenh. Bd. XIV, No. 3 u. 4. p. 236.
84) Ouspensky, Annales des maladies de l'oreille, ecc. 1881, p. 331 u. St. Petersb. medic. Woch. 1882. No. 8.
85) Miomandre, Contribution à l'étude des surdités d'origine nerveuse. Paris 1881.
86) Magnus, Arch. f. Ohrenh. 1883. Bd. XX. No. 3. p. 177.
87) Jacobson, Ibidem. 1884. Bd. XXI. p. 280.
88) Bürkner, Ibidem. 1885. Bd. XXII. p. 205.

89) Oseretzkowsky, Archives de névrologie. Novembre 1885. Observ. 11. p. 283.
90) Koll, Arch. f. Ohrenh. 1887. Bd. XXV. p. 88.
91) Krakauer, Arch. f. Ohrenh. 1889. Bd. XXVII. p. 235.
92) Eitelberg, Wien. mediz. Wochenschr. 1891. No. 3.
93) Trifiletti, Bollettino delle malattie dell'orecchio. Ottobre 1891. p. 217.
94) Haug, Die Krankheiten des Ohres in ihrer Beziehung zu den Allgemeinerkrankungen. Wien u. Leipzig, Urban u. Schwarzenberg. 1893. p. 199.
95) Deleau, Journal des connaiss. médic.-chirurg. 1838. No. 6. Ref. Med. Jahrb. Wien. 1840. Bd. XXIII. p. 315.
96) James, Gaz. méd. 1840. p. 676.
97) Notta, Archives gén. de méd. Luglio 1854. p. 1. 290 u. 543.
98) Ziemssen, Virchow's Archiv. 1858. Bd. XIII. p. 210. 376. Beobachtung III u. IV.
99) Politzer, Beleuchtungsbilder des Trommelfells. p. 86. u. Arch. f. Ohrenh. p. 340.
100) Lucae, Arch. f. Ohrenh. Bd. II. p. 84.
101) Schwartze, Arch. f. Ohrenh. Bd. III. p. 282.
102) Tripier, Archives de médecine. p. 408. Avril 1869. p. 399.
103) Gillette, Union médicale. 24 octobre 1872. p. 649.
104) Politzer, Arch. f. Ohrenh. 1873. Bd. I (Neue Reihe). p. 48.
105) Bürkner, Ibid. 1878. Bd. XIV. p. 96.
106) Lasègue, Archives générales de médecine. 1878. Vol. I. p. 641.
107) Bürkner, Berl. klin. Wochenschr. 1879. No. 48.
108) Urbantschitsch, Arch. f. Ohrenh. 1880. Bd. XVI. p. 181.
108bis) Habermann, Prager med. Wochenschr. 1880. No. 22.
109) Thaon, Congresso di lariugol. in Milano. 1880, u. Annales mal. de l'oreille. 1881. Vol. VII. p. 30 (mit Litteraturang).
110) Miot, Revue mens. de laryngol. 1883. No. 9. Ref. Arch. f. Ohrenh. Bd. XXIV.
111) Kiesselbach u. Wolfberg, Berl. klin. Wochenschr. 1885. No. 15. p. 231.
112) Fulton, Archiv. of otol. 1885. u. Zeitschr. f. Ohrenh. Bd. XV. 4. p. 307.
113) Percy-Potter, Pacific surg. medical Journal. Dicembre 1886.
114) Feldmann, Ueber die Entwickelung organischer Erkrankungen des centralen Nervensystems bei Personen, welche lange an schwerer Hysterie gelitten haben. Inaug.-Diss. Leipzig 1887.
115) Raymond, Progrès médical. 1889. No. 20.
116) Aurelles de Paladines, Associations morbides en pathologie nerveuse. Thèse de Paris 1889.
117) Gilles, Marseille médicale. 30. Juni 1889. No. 1.
118) Strümpell, Traité de pathologie spéciale etc. Paris 1889. T. II. p. 449.
119) N. N., Revue méd. de Sevilla. 15 dicembre 1889. p. 722.
120) v. Stein, Arch. f. Ohrenh. 1889. Bd. XXVIII. p. 201.
121) Souques, Hystérie et tabes. Thèse de Paris 1891.
122) Michel et Thiercelin, La médecine moderne. 29 octobre 1891. p. 451.

123) Blocq et Onanoff, Arch. de méd. expérim. 1° Mai 1892. p. 387.
124) Charcot, Leçons du mardi. Progrès médical. 1892.
125) Grasset, Nouveau Montpellier médical. 1892. No. 2. p. 227.
126) Arteaga, Archivos intern. de rinolog. Giugno 1892. p. 180.
127) Leber, Berl. klin. Woch. 25. Juli 1892. p. 759.
128) Rohrer, Archivos internat. de laryng. Mai 1892. p. 143.
129) Pick, Wien. klin. Woch. August 1892. p. 145. No. 31, 32, 33.
130) König, Société française d'ophtalmol. 4. Mai 1893.
131) Babinski, Union médicale. 9. Mai 1893.
132) Chabbert, Arch. de névrol. Juni 1893. No. 76. p. 438.
133) Babinski, The Universal med. Journ. 1893.
134) Fletcher, Ingals, Revue de laryngologie. 1893. No. 22. p. 989.
135) Boucheron, Arch. f. Ohrenh. Bd. XXII. 1885. p. 135.
136) — III. Int. otol. Kongreß. Basel 1885.
137) — Acad. des sciences de Paris. 26. März. 23. April. 9. Juli 1888.
138) Hasse, Arch. f. Ohrenh. Bd. XVII. 1881. p. 185.
139) Bezold, Ibidem. Bd. XVI. 1880. p. 47.
140) Corradi, Archivio Ital. di otologia. Vol. I. p: 216.
141) Ostmann, Arch. f. Ohrenh. Bd. XXXIV. No. 1 u. 2.
142) Urbantschitsch, Arch. f. Ohrenh. Bd. XXV. p. 96.
143) Brenner, Untersuchungen und Beobachtungen über die Wirkung elektrischer Ströme auf das Gehörorgan. Leipzig 1868.
144) Hagen, Wien. med. Woch. 1886.
145) — Petersb. med. Z. Bd. XXII. No. 5. p. 303.
146) — Allg. Verein St.-Petersb. Aerzte. 17. Oktober 1867.
147) — Praktische Beiträge zur Ohrenh. Bd. IV. Leipzig, Weil & Co. 1869.
148) Hitzig, Archiv f. Psych. Bd. IV. u. Arch. f. Ohrenh. Bd. II. (N. R.)
149) Schwartze, Arch. f. Ohrenh. Bd. I. p. 44.
150) Bettelheim, Wien. med. Presse. 1868. No. 23.
151) Sycyanko, Deutsch. Arch. f. klin. Medic. Bd. III. No. 6.
152) Schultz, Wien. med. Woch. 1865. No. 73, 74.
153) Wreden, Petersb. med. Z. 1871. p. 4.
154) Laroche, IV. Intern. otolog. Kongreß in Brüssel. p. 219. 1888.
155) Pollak u. Gaertner, Wien. klin. Woch. 1888. No. 31 e 32.
156) Benedikt, Intern. klin. Rundschau 1888.
157) Bernhardt, Wien. klin. Woch. 1888.
158) Lombroso e Coen, Il Segno. No. 3. p. 71. Marzo 1890.
159) Gradenigo, Congr. intern. di otologia in Bruxelles. Resoconto. p. 199 u. Centralbl. f. med. Wissensch. 1888. No. 39—41.
160) — Arch. f. Ohrenh. Bd. XXVII. p. 1.
161) — Ibidem. p. 105.
162) — Allg. W. med. Z. 1888. No. 44.
163) — Bollett. mal. orecchio. Vol. VII. No. 2. 1889.
164) — Arch. f. Ohrenh. Bd. XXVIII. p. 248.
165) — Annales des maladies de l'oreille etc. Marzo 1889. p. 136.
166) Morel, Étude historique, critique et expérimentale de l'action des courants continus sur le nerf acoustique, Bordeaux 1892 (Ref. in Archivio Italiano di otologia, rinologia u. laringologia. Vol. I. Fasc. 1. p. 71.)

2. Hysterische Anästhesie bei Hystero-Traumatismus.

167) Itard, Trattato, Parte II. Cap. XIV. p. 283. 1821.
168) Briquet, Traité. 1859. p. 293 (cit. Landouzy, Traité. p. 120).
169) Erichsen, On railway spine and others injuries of the nerv. system. Philadelphia 1867. p. 77.
170) M. Oxley, Congrès de l'Association de médec. anglaise. Sheffield. August 1876.
171) Sapolini, Ann. des maladies de l'oreille. T. III. 1877. p. 20.
172) Westphal, Charité-Annalen. 1878. p 382 u. 384.
173) Roosa u. Ely, Zeitschrift f. Ohrenh. Bd. IX. No. 4. p. 335.
174) Jacobson, Arch. f. Ohrenh. Bd. XXI. 1884. p. 298.
175) Schwartze, Handbuch der chirurg. Krankheiten d. Ohres. 1885.
176) Delie, Revue mens. de laryngol. ecc. 1886 No. 10.
177) Wecker et Landolt, Traité d'oculistique. 1887. Vol. III. p. 730.
178) Politzer, Lehrbuch. 1887. p. 256.
179) Knapp, Nervous affections following injury, concussion of the spine; railway-spine and railway-brain. Boston, Coupples and Hurd. 1888. p. 35.
180) Oppenheim, Berl. Klinik. 1888. No. 9.
181) Baginsky, Berl. klin. Woch. 1888. No. 3. p. 42.
182) Badal, Archives d' ophtalmol. 1888. p. 385. No. 5.
183) Lunz, Travaux de la Société des médecins russes de Moscou. 2. semestre 1888. p. 1.
184) Oppenheim, Die traumatischen Neurosen nach den in der Nervenklinik der Charité in den letzten Jahren gesammelten Beobachtungen. Berlin, Hirschwald. 1889.
185) Auerbach, Ueber traumatische Hysterie beim Mann. Inaug.-Diss. 1889. Berlin, L. Simion.
186) Catsaras, Archives de névrol. 1887. Mars. p. 242.
187) Laveran, Soc. méd. des hôpitaux de Paris. 2. novembre 1891 u. Gazette des hôpitaux. 1891. p. 1210.
188) Putnam, Buffalo med. a. surg. Journal. October 1891. p. 140.
189) Freund u. Kaiser, Deutsche med. Woch. 30. Juli 1871. No. 17 u. 31.
190) Schultze, Intern. med. Kongreß in Berlin. 1890. Bd. IV. Sekt. IX. p. 57 u. ff. Berlin, Hirschwald, 1892.
191) v. Krzywicki, Berlin. klin. Woch. 21. März 1892.
192) Bermann, Ueber traum. Neurosen. Inaug.-Diss. Straßburg. 1892.
193) Baquis, Ann. di oftalmologia. Vol. I. 1893. Fasc. I. p. 12.

3. Hysterische Taubheit infolge von Typhus und anderen Infektionskrankheiten und von akuter Intoxikation.

194) Briquet, Traité. 1859. p. 154 u. 183.
195) Schwartze, Deutsche Klinik. 1861. No. 30, e Arch. f. Ohrenh. Bd. I. p. 205. 1864.
196) Hoffmann, Arch. f. Ohrenh. Bd. IV. p. 270. 1869.
197) Gallio, Rivista clinica di Bologna. Anno IX. 1870. p. 176.
198) Renault, Du saturnisme chronique. Thèse. 1875.
199) Jean, France médicale. 1877. No. 9.
200) Hanot e Mathieu, Arch. gén. de médecine. Vol. I. p. 352.
201) Kraepelin, Archiv. f. Psych. Bd. XI. No. 2—3.

202) Moos, Arch. f. Augen- u. Ohrenh. Bd. V. p. 221. 1882.
203) Bezold, Arch. f. Ohrenh. Bd. XXI. 1884. p. 14.
204) Courtade, L'Encéphale. 1886. p. 431.
205) Letulle, Gaz. hebdomad. de Paris. 1887. p. 616 u. 631.
206) Potain, Bull. med. 4. Sept. 1887.
207) — Gaz. des hôpitaux. 14. aprile 1887.
208) Wecker et Landolt, Traité d'oculistique. Paris 1887. T. III. p. 688 (Verf. Nuel).
209) Böke, Congrès internationale de otologie in Bruxelles. 1888. p. 70.
210) Szenes, Arch. f. Ohrenh. Bd. XXVI. No. 2. 1888. p. 158.
211) Souques, Gaz. médicale de Paris. No. 2. 1889.
212) Grasset, Gaz. médicale de Montpellier. Februar 1890.
213) Moos, Schwartze's Handb. f. Ohrenh. Bd. I. Cap. XII. p. 571. 1892.
214) Haug, Erkrankungen d. Ohres in ihrer Beziehung zu den Allgemeinerkrankungen. Wien 1893. p. 87 u. ff.

4. Taubstummheit von hysterischem Charakter.

215) Littré, Académie des sciences. 1705.
216) Staalpar van der Wiel, Obs. méd. chirur. anat. Leyden 1727.
217) Philosophical Transactions f. J. 1748. Vol. XLV. p. 198. London 1750.
218) Lusitano, Centuria 6. Curatio 5.
219) Macario, Annales médic. psycholog. 1844. T. III. p. 78. Observation VI.
220) — Ibidem, p. 82.
221) Betti, Sopra una pretesa sanazione istantanea da congenita sordomutità. Firenze, Luigi Pezzati, 1822 (Ref. nel Bollettino delle malattie dell' orecchio. Gennaio-agosto 1893.)
222) Schlosser, Gaz. médicale de Paris. Ottobre 1843.
223) Ball, Encéphale. Vol. I. 1881. p. 5.
224) Revillod, Revue de la Suisse romande. 1883. Observat. II.
225) Cartaz, Progrès médic. 1886. No. 7, 9, 10.
226) Oseretzkowsky, Archives de névrologie. Novembre 1886. p. 268. Obs. II.
227) Mendel, Neurol. Centralbl. 1887 (ref. in Schmidt's Jahrb. Bd. CCXV. u. Deutsche med. Zeit. 1887. No. 58).
228) Dutil, Gaz. médicale de Paris. 1887. p. 268.
229) Ortolani, Progresso medico. Vol. I. 1887.
230) Uckermann, Zeitsch. f. Ohr. Bd. XXI. p. 313.
231) Natier, Revue mens. de laryngologie ecc. 1888. No. 4, 5, 8, 9.
232) Schmidt, Militärärztl. Z. Bd. VI. p. 257. 1889.
233) Ficano, Gaz. degli ospedali. 1889. No. 61.
234) Leuch, Münch. mediz. Woch. 1890. No. 12.
235) Charazac, Ann. mal. de l'oreille. 1890. T. XVI. p. 639.
236) Suarez de Mendoza, Ibidem.
237) Courmont, Revue de méd.. 1891. No. 10.
238) Gritzmann, Gaz. hebd. 5. September 1891.
239) Lépine, Revue de méd. T. XI. No. 10. p. 895. 1891.
240) Möbius, Schmidt's Jahrb. Bd. CCXXIX. p. 40.
241) Ficaño, Gazz. degli ospedali. 1891. No. 80.
242) Regnery, Mutismus hystericus (In.-Diss. Straßb. 1890.)
243) Bach, Semaine méd. 1892. No. 60.

244) Troisier et Raymond, Société méd. des hôpitaux. 8 aprile 1892.
245) Natier, Bulletin médical. April 1892.
246) Baumgarten, Deutsche mediz. Woch. 1892. No. 9. p. 190.
247) Cocher, Arch. de névr. Novembre 1892.
248) Onodi, Pester med.-chir. Presse. 1892.
249) Coradeschi, Gaz. Ospit. Vol. XCVI. 1893. p. 1005.
250) Cartaz, Revue de laryngol. 1. Juni 1849. No. 11.
251) Lemoine. La méd. moderne. 31 Mai 1893.
252) Trifiletti, Arch. ital. di otol. ecc. Vol. III. 1895.
253) Wiedemeyer, Allg. Zeitschr. f. Psychol. Bd. XXVIII. p. 483.
254) Gioffredi, Progresso medico. 31 marzo 1894.
255) Nichelson, Société Néerland. de laryng. 1894.
256) Langner, Arch. f. Laryng. 1895. p. 310.
257) Ransom, British med. Journ. 2. März 1895.
258) Dalby, Ibidem. 16. März 1895.
259) Tenier, Archives de laryng. 1893. p. 447.
260) Mackenzie, Medical Society of London, Mai 1895.

5. Charaktere der akustischen Anästhesie bei Hysterie.

261) Corradi, Archivio ital. di otologia etc. Bd. I. p. 305.
262) Gradenigo, Giorn. R. Accademia Medica Torino. 1894. Fasc. 4 u. 5.
263) — Archiv f. Ohrenh. Bd. XXVIII. p. 82.
264) Cartaz, Revue de laryngol. 1894. Juni.
265) Gellé, Soc. de biologie. 16. Oktober 1886, u. Tribune médic. 24. Oktober 1886.
266) Politzer, Archiv für Ohrenh. Bd. XI. 231.
267) Chairon, Études cliniques sur l'hystérie. Paris 1870.
268) Huchard, Archives de névrol. 1882.
269) Page, Injures of the spinal cord etc. London 1883.
270) Bernheim, De la suggestion. Paris 1888.
271) Möbius, Centralbl. für Nervenh. 1888.
272) P. Janet, Automatisme psychologique. Paris 1889.
273) Onanoff, Arch. de névrologie. 1890. p. 377.
274) Janet, État mental des hystériques. Paris, Rueff édit. 1892
275) Breuer u. Freund, Neurol. Centralbl. 1893. No. 1 e 2.
276) Janet, Arch. de névrologie. 1893. No. 76. p. 417.

6. Sensibilität der Haut und der Schleimhäute.

277) Briquet, Traité de l'hystérie. Paris 1859. p. 289.
278) Henrot, De l'anésthésie et de l'hyperesthésie hystériques. Thèse de Paris. 1847.
279) Rabenau, Ueber die Sensibilitätsstörungen bei Hysterischen. Inaug.-Dissert. Berlin 1869.
280) Mosse, Congrès de l'Association franç. pour l'avanc. des sciences. Pau. Sept. 1892, u. Midi méd. 1893. No. 15.

7. Die Otalgie von hysterischem Charakter.

281) Pagenstecher, Deutsche Klinik. 1863. No. 41—43.
282) Politzer, Lehrbuch d. Ohrenh. 2. deutsche Ausg. p. 423.

283) Gellé, Précis des mal. de l'oreille. Paris 1885. p. 376.
284) Schwartze, Chir. Krankh. d. Ohres. 1885 (cit. von Walb [292]).
285) Ladreit de la Charrière, cit. in Grazzi (311).
286) Roosa, Handb. d. Ohrenkr. Deutsche Uebers. Weiss. Berlin 1889. p. 318.
287) Kirchner, Handb. d. Ohrenh. 1890. p. 177.
288) Eitelberg, Der Ohrschmerz und seine Behandlung. Centralbl. f. d. gesamte Therapie. März 1890. No. 5.
289) Rohrer, Lehrbuch. Leipzig u. Wien 1891. p. 163.
290) Haug, Die Krankh. des Ohres, etc. Wien u. Leipzig 1893. p. 194.
291) Urbantschitsch, Schwartze's Handbuch. Leipzig Vogel. 1892. Bd. I. p. 429 u. Handb. d. Ohrenh. Wien u. Leipzig 1890. p. 347.
292) Walb, Schwartze's Handbuch. II. Leipzig Vogel. 1893. p. 293.
293) Schubert, Bericht 1884—85; Archiv f. Ohrenh. Bd. XXX. p. 47.
294) Szenes, Bericht 1887. Arch. f. Ohrenh. Bd. XXVI. p. 157.
295) Bürkner, Bericht 1889—90. Ibid. Bd. XXXI. p. 296.
296) — Bericht 1890—92. Ibid. Bd. XXXIV. p. 244.
297) — Bericht 1892—94. Ibid. Bd. XXXVII. p. 21.
298) Schwartze, Bericht 1889—90. Ibid. Bd. XXXI. p. 30.
299) Id., Bericht 1890—91. Ibid. Bd. XXXIII. p. 40.
300) — Bericht 1891—92. Ibid. Bd. XXXV. p. 233.
301) — Bericht 1892—93. Ibid. Bd. XXXVI. p. 280.
302) Kayser, Bericht. Monatsschr. f. Ohrenh. 1894. No. 2.
303) Bezold, Ueberschau über Ohrenh. Bergmann. 1895.

7. Hysterogene Zonen des Gehörorgans.

304) Urbantschitsch, Schwartze's Handbuch. Bd. I. 1892. p. 420. Leipzig. Vogel.
305) Voisin, Leçons cliniques sur les malad. mentales. 1876.
306) Baclanger, Des hallucinations. p. 302. Paris 1846.
307) Köppe u. Schwartze, Archiv f. Ohrenh. Bd. IX. 1875.
308) Regis, L'Encéphale. Vol. I. 1881. p. 43.
309) Ballet, Ann. méd.-psych. 1888. p. 139, e Société méd.-psych. 31 ottobre 1887.
310) Lannois, Soc. franç. de laryngol. etc. 27 ottobre 1887, u. Revue mens. de laryng. 1887. No. 12.
311) Grazzi, Archivio ital. di mal. nervose. 1878.
312) Cozzolino, Psichiatria. Bd. V. 1887.
313) Szenes, Archiv f. Ohrenh. Bd. XXV. p. 61. 1887.
314) Higier, Wien. klin. Wochenschr. 1895. p. 8.
315) Walker Downie, Lancet. 16. Juni 1888.
316) Compaired, Ref. in Monatsschr. f. Ohrenh. No. 7. 1892.
317) Gradenigo, G. Arch. f. Ohrenh. Bd. XXXI. p. 277.
318) Fox, Traité de Med. par Charcot et Bouchard. T. IV. p. 308. 1893.
319) Guder, Revue de laryng. 15. März 1894.
320) Percy Jakins, Practitioner. Juni 1887.
321) Herzog, M. f. Ohrenh. Mai 1889. No. 5.
322) Theobald, Med. Record. 29. Juli 1893, e Revue de laryng. No. 18. 15. September 1895.

323) Masini, Giulio, Archivio internaz. di otojatria, rinojatria e aeroterapia. Anno I. No. 1. 15 gennaio 1885. p. 26.
324) Haug, Die Krankh. des Ohres in ihrer Beziehung zur Allgemeinerkrank. 1893. S. 198.
325) Strazza, Archivio ital. di otologia, rinologia e laringologia. T. I. 1893. p. 243.
326) Poorten, Dorpat. med. Z. 1873. p. 342. (Ref. in Schmidt's Jahrb. Bd. CLXX. p. 102.)
327) Hessler, Archiv f. Ohrenh. Bd. XVII. S. 66.
328) Botey, Archiv f. Ohrenh. Bd. XXXII. S. 75.
329) Belbeder, cit. in Itard. T. I. p. 345.
330) Boyer, Traité des mal. chir. Vol. I. p. 17.
331) Maclagan (cit. von Wilde, Ohrenh. Deutsche Uebers. p. 377.)
332) Kupper, Archiv f. Ohrenh. Bd. XX. p. 167.
333) Schurig, Ref. in Archiv f. Ohrenh. Bd. XIV. p. 148.
334) Trautmann, Naturforschervers. zu Berlin. 1886; Archiv f. Ohrenh. Bd. XXIV. p. 88.
335) Noquet, Revue mens. de laryngol. 1886. No. 7.
336) Bayer, Presse méd. belge. 1890.
337) Boucheron, Société franç. d'otol. 30 aprile 1888, u. Revue mens. de laryngol. etc. 1888. No. 7.
338) Hartmann, Thèse de Bordeaux. 1887.
339) Blake et Walton, Ann. mal. oreille. 1884. No. 4. p. 203.
340) De Rossi, Archivio ital. di otol., rinol. e laringol. 1894. T. II. p. 106.
341) Gellé, Ann. malad. oreilles. März 1892.
342) Bastien, Thèse de Paris. 1853.
343) Schmiegelow, Rev. mens. de laryngol. 1887. No. 8. (Ref. in Archiv f. Ohrenh. Bd. XXV. p. 284.)
344) Pins, Intern. klin. Rundschau. 1888. No. 23. (Ref. in Archiv. f. Ohrenh. Bd. XXVII. S. 89.)
345) Suarez de Mendoza, Soc. franç. d'otologie. 27. April, 1888 u. Revue mens. de laryng. 1888. No. 8.
346) Itard (cit. von Briquet). p. 319.
347) Carmagnola, Giornale delle scienze mediche compilato da vari membri della Facoltà medico-chirurgica di Torino. III. Vol. IX. 1840. p. 163.
348) Steinbrügge, Zeitschr. f. Ohrenh. Bd. XIX. p. 113.
349) Vaille, Union méd. 1872. p. 712.
350) Boucheron, Gaz. des Hôpit. 22 nov. 1886.
351) Roller, Archiv f. Ohrenh. Bd. XXIII.
352) Gradenigo, G., Schwartze's Handb. Bd. II. p. 489.
353) Grazzi, Bollett. mal. orecchio. 1886. No. 6.
354) Masini, Imparziale. 1882. No. 11.

8. Blutungen aus dem Ohre bei Hysterie.

355) Puech, Acad. des sciences. 1863.
356) De Rossi, Gazette des hôpitaux. 1868. No. 110. p. 437.
357) Seppilli e Maragliano, Rivista di Freniatria. 1878. p. 345.
358) Jolly, Hysterie in Ziemssen's Handbuch. Traduz. ital. p. 565.

359) Ferreri, Sperimentale. Maggio 1883. p. 476. (Aus der Klinik von De Rossi.)
360) Stepanow, Mon. f. Ohrenh. No. 11. 1885.
361) Eitelberg, Int. klin. Rundschau. 1888. No. 3—4.
362) Gradenigo, G., Giorn. Accad. Med. di Torino. 1889. No. 2 e 3, e Archiv f. Ohrenh. Bd. XXVIII. p. 82.
363) Baratoux, Revue de laryngol., d'otol. etc. T. XI. No. 19. p. 621. 1890.
364) Luc, Archives internat. de laryngol. 1891. p. 14.
365) Benni, Intern. otol. Kongreß zu Mailand. 1880. Triest 1882. p. 158.
366) Artigalas e Rémond, Revue de l'hypnotisme. Febbraio 1882. p. 250,
367) De Stein, Zeitschr. f. Ohrenh. Bd. XXIV. No. 3. p. 294. 1893.
368) Haug, Die Krankh. des Ohres in ihrer Beziehung zu den Allgemeinerkrankungen. Wien u. Leipzig 1892. p. 196.

Frommannsche Buchdruckerei (Hermann Pohle) in Jena. — 1589.

www.ingramcontent.com/pod-product-compliance
Lightning Source LLC
Chambersburg PA
CBHW021947190326
41519CB00009B/1172

* 9 7 8 3 7 4 3 3 6 1 4 1 6 *